Robert Edward Neurohr
Strategien für Herausforderer

Für Edward und Julia Neurohr,
meine Eltern

Robert Edward Neurohr

Strategien für Herausforderer

Mit Caesar, Napoleon & Co.
die Branchenführer herausfordern
und den Wettbewerb gewinnen

Bibliografische Information der Deutschen Nationalbibliothek

Die Deutsche Nationalbibliothek verzeichnet diese Publikation in der
Deutschen Nationalbibliografie; detaillierte bibliografische Daten
sind im Internet über http://dnb.d-nb.de abrufbar.

ISBN 978-3-86936-434-6

Lektorat: Anke Schild, Hamburg
Umschlaggestaltung: Martin Zech Design, Bremen | www.martinzech.de
Umschlagillustration: »Napoleon Bonaparte beim Überschreiten der Alpen
am Großen Sankt Bernhard«; Jacques-Louis David, 1800, Wikimedia Commons
Satz und Layout: Das Herstellungsbüro, Hamburg | www.buch-herstellungsbuero.de
Druck und Bindung: Salzland Druck, Staßfurt

www.gabal-verlag.de
www.twitter.com/gabalbuecher
www.facebook.com/Gabalbuecher

Inhalt

Warum Sie dieses Buch lesen sollten   **7**

Teil I: Die Herausforderung

Was verbindet Alexander den Großen mit Ryanair?   **13**

Der Ausgangspunkt: Revolution der Marktbedingungen   **15**

Das Problem: Die Fähigkeiten großer Konkurrenten   **17**

Die Vorlagen: Caesar, Napoleon & Co.   **20**

Die Anwendung: Wachstum mit der ANA-Methode   **22**

Teil II: Die Grundlagen

Das Lagefenster   **27**

Der Bauplan erfolgreicher Strategien   **30**

Teil III: Die Strategien

Strategie Nr. 1: Das Kerngeschäft umfassen

Die Vorlage: Hannibal und die Schlacht von Cannae   **35**

Die Anwendung: Techtronic Industries und die Auftragsfertigung   **46**

Strategie Nr. 2: Die Überdehnung der Konkurrenten nutzen

Die Vorlage: Alexander der Große und die Schlacht von Gaugamela   **62**

Die Anwendung: Ryanair und der Preis-Leistungs-Vorteil   **74**

Strategie Nr. 3: Etablierte Strukturen brechen

Die Vorlage: Caesar und die Schlacht von Pharsalos   **90**

Die Anwendung: Apple und die Basisinnovationen   **99**

Strategie Nr. 4: Die Erwartungswelle antizipieren

Die Vorlage: Napoleon und die Schlacht von Austerlitz **114**

Die Anwendung: ING-DiBa und das Privatkundengeschäft **125**

Strategie Nr. 5: Ein Randsegment als Sprungbrett nutzen

Die Vorlage: Friedrich der Große und die Schlacht von Leuthen **143**

Die Anwendung: Oracle und die Sonderanforderungen **155**

Zusammenfassung: Die fünf ANA-Strategien **171**

Teil IV: Die Anwendung

Analyse: Die Ausgangssituation richtig erfassen **182**

Auswahl: Die wirksamste Strategie bestimmen **188**

Umsetzung: Die Strategie erfolgreich implementieren **200**

Ausblick: Den Erfolg langfristig sichern **206**

Anhang

Erläuterungen zur ANA-Methode **211**

Dank **213**

Anmerkungen **214**

Literatur **224**

Register **229**

Über den Autor **232**

Warum Sie dieses Buch lesen sollten

Wie fordert man Branchenführer erfolgreich heraus? Wie gewinnt man den Wettbewerb mit großen Konkurrenten? Wie setzt man sich im Wettlauf um Marktanteile durch? Wie schafft man Chancen angesichts überlegener Mitbewerber? Das sind Schlüsselfragen für viele Unternehmen, die auf Wachstum setzen. Diese Fragen gewinnen stetig an Bedeutung, weil sich die Wettbewerbsbedingungen weltweit verändern. Empirische Analysen ergeben ein klares Bild dieser Entwicklung: Immer mehr Märkte sind gesättigt.[1] Wachstum ist auf diesen Märkten nur noch durch Verdrängung möglich. Dadurch steigt die Wettbewerbsintensität. Neue Konkurrenten aus aufstrebenden Ländern erhöhen diese Rivalitäten. Wachstumsorientierte Unternehmen sind angesichts dieser Trends mit neuen Herausforderungen konfrontiert. Denn freie Wachstumsräume werden seltener. Großen Wettbewerbern auszuweichen, wird schwerer. Konfrontationen mit anderen Anbietern werden häufiger. Wer dennoch wachsen will, muss sich im Wettbewerb mit stärkeren Konkurrenten durchsetzen und das Entscheidungsspiel um Marktanteile gegen die Branchenspitze gewinnen.

Die neuen Realitäten des Wettbewerbs

Diese Trends schaffen aber auch neue Chancen. Sie machen die Märkte durchlässiger. Eintrittsbarrieren werden abgebaut und Märkte neu verteilt. Herausforderer steigen schneller auf, etablierte Branchengrößen steigen schneller ab.[2] Wettbewerbspositionen sind schwerer zu halten und leichter einzunehmen. Die weltweite Marktentwicklung stärkt jene Unternehmen, die den Wettbewerb aktiv angehen, und schwächt Verteidiger, die den Status quo bewahren wollen. Genau hier liegen die Potenziale für wachstumsorientierte Unternehmen. Selten standen die Chancen so gut, den Wettlauf um Marktanteile gegen die Branchenspitze zu gewinnen. Erfolgreiche Herausforderer wie Apple, Ryanair oder CEMEX haben solche Chancen genutzt und beeindruckende Wachstumsgeschichten geschrieben.

Diese Entwicklung verschiebt auch die Schwerpunkte der Unternehmensführung. Viele Unternehmen sind auf der Suche nach wirksamen Ansätzen, Ideen und Methoden, um Branchenführern nicht mehr ausweichen zu müssen, sondern sich im Wettbewerb mit ihnen durchzusetzen. Diese Herausforderungen greift das vorliegende Buch auf. Es beschreibt, wie Unternehmen auch gegen den Druck überlegener Mitbewerber auf Wachstumskurs bleiben können, und stellt wirksame Managementinstrumente vor, um den Wettlauf um Marktanteile zu gewinnen. Denn der Erfolg im Wettbewerb mit großen Konkurrenten ist nicht nur eine Frage von Gelegenheit oder Glück. Er ist vor allem eine Frage der richtigen Strategie.

Fünf Strategien

Dieses Buch stellt Ihnen fünf Erfolgsstrategien für den Wettbewerb mit Branchenführern vor. Dafür greift es die Ideen der größten Feldherren der Geschichte auf. Denn Caesar, Hannibal oder Napoleon haben ihre entscheidenden Erfolge gegen weit größere Wettbewerber errungen – weil sie strategisch überlegen waren. Die Strategien von Caesar & Co. sind universell und werden heute von erfolgreichen Herausforderern genutzt, um sich im globalen Wettbewerb gegen etablierte Branchenführer durchzusetzen.

Präsentiert werden diese fünf Erfolgsstrategien anhand von fünf Schlachten der Weltgeschichte. Zahlreiche Fallbeispiele aus unterschiedlichen Branchen und Märkten verdeutlichen anschließend, wie diese Strategien im modernen Unternehmensmanagement eingesetzt werden. Sie erfahren beispielsweise, wie sich Apple gegen den Branchenführer Nokia durchsetzen konnte, wie die ING-DiBa den deutschen Bankenmarkt eroberte, wie Ryanairs Erfolg im Wettbewerb mit British Airways und Lufthansa möglich war und wie der Hongkonger Elektroanbieter Techtronic Industries in die Weltspitze aufstieg.

Die ANA-Methode

Die fünf Strategien sind Bestandteil der umfassenden ANA-Methode für strategisches Management. Diese Methode wurde von mir entwickelt, um die praktische Anwendung der Vorlagen von Caesar & Co. im Managementalltag zu ermöglichen. **ANA** steht dabei für **A**chillesferse – **N**eutralisierungsmanöver – **A**ngriffsmanöver – die drei Grundelemente erfolgreicher Herausfordererstrategien. Ausgehend von lebendigen Schlachtbeschreibungen führt Sie die ANA-Methode nachvollziehbar und strukturiert durch die Strategien, veranschaulicht deren Anwendung mit konkreten Fallbeispielen und integriert darauf abgestimmte Managementinstrumente zu einem Gesamtkonzept. In den vier Teilen dieses Buches wird die ANA-Methode schrittweise vorgestellt:

- *Teil I* des Buches stellt den Kontext her. Sie erfahren, welche weltweiten Markttrends das Wachstum erfolgreicher Herausforderer begünstigen, welches Kernproblem im Wettbewerb mit etablierten Branchenführern gelöst werden muss und wieso Caesar & Co. die richtigen Ansatzpunkte zur Lösung dieses Kernproblems liefern.

- *Teil II* präsentiert die Grundlagen. Hier wird das Basisinstrument für die Situationsanalyse eingeführt und der universelle Bauplan erfolgreicher Strategien für Herausforderer erläutert.

- *Teil III* stellt die fünf Strategien vor – anhand der ANA-Methode systematisch abgeleitet, mit zahlreichen Fallbeispielen aus dem Management veranschaulicht und durch praktische Instrumente unterstützt.

- *Teil IV* befasst sich mit der Strategieanwendung. Er präsentiert einen strukturierten Prozess, mit dessen Hilfe Sie die fünf Herausfordererstrategien zielgerichtet auswählen, anpassen und implementieren können.

Inspiration und Instrument

In den letzten zehn Jahren habe ich Strategien für Herausforderer entwickelt, die sich im Wettbewerb mit Branchenführern durchsetzen konnten. In dieser Zeit konnte ich selbst miterleben, wie die Märkte sich wandelten, Wettbewerbsstrukturen sich auflösten und ehemals etablierte Branchenregeln infrage gestellt wurden. Angesichts dieser Entwicklungen mussten sich Unternehmen immer häufiger mit ihren großen Konkurrenten messen. Gleichzeitig habe ich erfahren, wie wichtig es ist, den beschriebenen Wandel nicht nur als Risiko zu sehen, sondern als Chance zu begreifen, um neues Wachstum zu schaffen. Um diese Chancen zu nutzen, braucht man als Führungskraft inspirierende Vorlagen und praktische Instrumente. Die Ideen von Caesar & Co. haben mich in den letzten Jahren immer wieder inspiriert. Das strategische Wissen dieser Feldherren einzusetzen und in ein anwendbares Managementinstrument für wachstumsorientierte Unternehmen zu verwandeln – das ist das Ziel dieses Buches.

Wie wächst man in gesättigten Märkten?

TEIL I:

Die Herausforderung

Was verbindet Alexander den Großen mit Ryanair?

Alexander der Große hatte am 1. Oktober 331 v. Chr. ein klares Ziel, als er seine Armee auf die Ebene von Gaugamela führte. Der junge, makedonische König wollte das Persische Reich – die Supermacht der damaligen Zeit – herausfordern und mit einem Sieg die Zukunft Makedoniens sichern.

Dieses Ziel schien angesichts der Kräfteverhältnisse vermessen. Alexander verfügte an diesem Tag über eine Streitmacht von 50 000 Mann. Sein persischer Gegner Dareios III. hatte gegenüber der makedonischen Linie eine riesige Übermacht von 250 000 Kriegern aufgebaut. Alexander war im Verhältnis 1 : 5 unterlegen. Diesen Nachteil konnte er technologisch nicht ausgleichen, denn seine Männer waren nicht besser ausgerüstet als ihre Gegner. Darüber hinaus waren die Perser ausgeruhter als die Makedonier, weil sie seit Tagen in Gaugamela auf die Schlacht gewartet und gerastet hatten. Noch nicht einmal die Geografie des Schauplatzes war für Alexander hilfreich. Die Perser hatten die flache Ebene von Gaugamela bewusst als Austragungsort der Schlacht gewählt, weil keine natürliche Barriere, kein Wasserlauf, kein Bergrücken die Entfaltung ihrer überlegenen Ressourcen behindern konnte.[3]

Und dennoch – als am Abend dieses Tages die Sonne unterging, ritt Alexander der Große als Sieger durch die Reihen seiner jubelnden Männer, war Dareios III. auf der Flucht, das persische Heer geschlagen und der historische Aufstieg Makedoniens besiegelt.

Wie war dieser erstaunliche Erfolg möglich? Warum konnte ein kleiner Herausforderer seinen überlegenen Gegner derart überflügeln? Die Antwort auf diese Frage ist heute noch relevant – für alle Unternehmen, die sich im Wettbewerb mit großen Konkurrenten durchsetzen müssen. Sie lautet schlicht: Strategie.

Michael O'Leary hat vermutlich nicht an Alexander den Großen gedacht, als er 1997 mit der irischen Regionalfluglinie Ryanair in den internationalen Flugverkehr einstieg und gegen Branchenriesen wie British Airways und Lufthansa antrat. O'Leary startete sein Wachstumsprogramm ausgerechnet in einer Branche, in der Größe als entscheidender Erfolgsfaktor galt. Auslastung, Kostenstrukturen, Flugnetze – alles schien von der Größe abzuhängen.[4] Wie sollte die kleine Ryanair den ungleichen Wettbewerb gegen die übermächtigen Rivalen gewinnen?

Doch Ryanair ist in diesem Wettlauf nicht aufgerieben worden, sondern entwickelte sich selbst zu einer der größten Fluggesellschaften Europas. In einer chronisch defizitären Branche beeindruckte Ryanair nicht nur mit Wachstumstempo, sondern auch mit nachhaltiger Profitabilität. Während große Konkurrenten regelmäßig in der Verlustzone flogen, vermeldete Ryanair Gewinnsprünge.[5]

Selbst wenn Michael O'Leary im Wettlauf mit den etablierten Airlines nicht von Alexander dem Großen inspiriert war, hat er doch vieles mit dem makedonischen König gemeinsam. Wie Alexander wich er nicht vor scheinbar überlegenen Mitbewerbern zurück, sondern forderte sie heraus. Wie Alexander konnte er sich in diesem ungleichen Duell durchsetzen und folgte dabei dem gleichen strategischen Muster, das Alexander 2000 Jahre zuvor bei seinem Sieg über die Perser verwendet hatte. Beide Herausforderer erzielten ihre außergewöhnlichen Erfolge im direkten Wettbewerb mit Branchenführern.

Der Ausgangspunkt: Revolution der Marktbedingungen

Wachstum ist zu Recht eines der Hauptziele der Unternehmensführung. Denn stärker zu wachsen als der Wettbewerb und Markanteile zu gewinnen, ist empirisch betrachtet der wichtigste Treiber des langfristigen Unternehmenserfolgs.[6] Doch warum sollten Unternehmen in den Wettbewerb mit überlegenen Konkurrenten treten, um Marktanteile zu gewinnen? Wäre es nicht sinnvoller, den Branchenführern auszuweichen und freie Wachstumsräume zu suchen? Welche Gründe sprechen dafür, sich dieser Herausforderung zu stellen?

Warum gegen die Branchenführer antreten?

Die Gründe für den Wettbewerb mit Branchenführern werden von der weltweiten Marktentwicklung geschaffen. Die Forschung hat einen grundlegenden Wandel der Wettbewerbsverhältnisse in vielen Branchen identifiziert.[7] Von diesem Wandel betroffene Unternehmen sehen sich mit Trends konfrontiert, die bestehende Geschäftsmodelle infrage stellen, neue Konkurrenten anlocken und die Wettbewerbsintensität steigern:

- Die **Globalisierung** hat neue Kategorien von Herausforderern geschaffen, die nun in etablierte Märkte vordringen. Chinesische, indische oder brasilianische Unternehmen wie Huawei, Tata und Embraer waren vor wenigen Jahren kaum jemandem ein Begriff. Inzwischen haben sie bereits etablierte Weltkonzerne wie Siemens, Cisco, Alcatel und Bombardier in deren Kerngeschäft herausgefordert.[8]

- **Outsourcing** und **Auftragsfertigung** reduzieren die Markteintrittsbarrieren. Herausforderer relativieren durch die Auslagerung von Wertschöpfungsstufen ihre Größennachteile und kompensieren fehlendes Know-how. So nutzte Apple auch Produktionskompetenzen von Fertigungspartnern, um mit dem ersten Mobiltelefon seiner Firmengeschichte – dem iPhone – erfolgreich in den Mobilfunkmarkt einzudringen. Die etablierten Branchenführer der

Handyindustrie waren außerstande, den Siegeszug des kleineren Newcomers aufzuhalten.[9]

- Das **Internet** baut weitere Markthürden ab und ermöglicht es Herausforderern, günstige Distributionskanäle zu etablieren, um Leistungen weltweit zu vermarkten. Indische Softwareunternehmen nutzen diese Entwicklungen ebenso wie Onlinebanken und Direktversicherungen, die dank minimaler Einstiegskosten mit etablierten Instituten konkurrieren können.

- Die **Digitalisierung von Inhalten** definiert Geschäftsmodelle neu. Die Wettbewerbsvorteile etablierter Branchenführer in der gesamten Medienindustrie werden eingeebnet. Auch hier glänzt Herausforderer Apple – diesmal als Musikvermarkter gegenüber den traditionellen Medienkonzernen.[10]

- Die fortschreitende rechtliche **Deregulierung** löst ehemals geschützte Reviere wie Telekommunikation, Energieversorgung und Luftverkehr auf.[11] Herausforderer wie Ryanair nutzen die neuen Freiräume im Wettlauf mit ehemaligen Branchengrößen.

Diese Trends haben entscheidende Konsequenzen für das Wettbewerbsklima der betroffenen Industrien:

- Etablierte Branchenstrukturen werden aufgelöst. Neue Wettbewerber können mit reduziertem Aufwand vormals abgeschottete Märkte betreten. Dadurch wird es in diesen Märkten enger. Sobald das Angebot die Nachfrage übersteigt, ist Wachstum nur noch durch Verdrängung möglich.[12] Unternehmen können der Konkurrenz nicht mehr ausweichen.

- Gleichzeitig sind etablierte Wettbewerbspositionen schwerer zu halten. Ehemalige Wettbewerbsvorteile verlieren an Bedeutung oder werden gänzlich irrelevant – wie das Beispiel der Medienindustrie zeigt. Hier ist noch offen, welche Wettbewerbsvorteile etablierte Spieler in die nächste Phase der Marktentwicklung retten können. Die Branchenführer werden durch diese Trends geschwächt und Herausforderer gestärkt.

Angesicht dieser Entwicklungen können sich Unternehmen in ihren Märkten entweder offensiv oder defensiv verhalten. Verteidiger können versuchen, ihre angestammte Wettbewerbsposition trotz zunehmender Konkurrenz zu bewahren. Diese Unternehmen werden die dargestellten Trends in erster Linie als Risiken erleben. Der zunehmende Wettbewerb wird ihre Margen voraussichtlich unter Druck setzen, während die Erosion der Wettbewerbsvorteile es ihnen erschweren wird, Konkurrenten abzuwehren. Herausforderer hingegen werden diese globalen Entwicklungen als Chance nutzen können, um Marktanteile zu gewinnen und neue Märkte zu erschließen. Die Marktentwicklung kann ihre Wachstumsinitiativen unterstützen und ihnen neue Möglichkeiten eröffnen, um der Stagnation gesättigter Märkte zu entkommen.

Otto von Bismarck hat die Einsicht geprägt, dass Staatschefs den Wind der Geschichte zwar nicht erzeugen können, diesen aber bewusst nutzen sollten, um das Staatsschiff in den Zielhafen zu segeln.[13] Diese Erkenntnis lässt sich auf die heutigen Märkte übertragen: Der Wind der Marktentwicklung wird vor allem die Verteidiger behindern und das Wachstum der Heraus-

Herausforderer haben Rückenwind

forderer unterstützen. Das ist der Hintergrund, vor dem Herausforderer den Wettbewerb mit Branchenführern aufnehmen können.

Das Problem: Die Fähigkeiten großer Konkurrenten

»Size does matter« – mit diesen Worten beschreiben die Helden des Hollywoodfilms Godzilla ihre Schwierigkeiten bei der Jagd auf eine Riesenechse, die Manhattan verwüstet.[14] Diese Erkenntnis lässt sich auf den Wettbewerb mit Branchenführern übertragen, denn auch hier spielt die Größe des Konkurrenten eine entscheidende Rolle. Aber was ist das Schlüsselproblem in einer solchen Wettbewerbssituation? Welche besonderen Herausforderungen schafft die Größe eines Branchenführers für wachstumsorientierte Unternehmen? Viele Herausforderer beantworten diese Frage nicht präzise genug. Sie verfehlen mit ihren

Wachstumsinitiativen die gewünschten Ziele, weil das Schlüsselproblem im Wettbewerb mit Branchenführern ungelöst bleibt.

Um dieses Problem klar zu erfassen, ist eine kurze Definition erforderlich: Als *Branchenführer* werden in diesem Buch alle Unternehmen bezeichnet, die einen deutlich größeren Marktanteil besitzen als der Herausforderer. Das Schlüsselproblem im direkten Wettbewerb mit einem solchen Unternehmen ist in zwei Schritten zu erfassen.

Erstens: Größe bedeutet Stärke. Je größer ein Unternehmen im Vergleich zu seinen Konkurrenten ist, desto stärker ist seine Wettbewerbsposition. Dieser empirische Zusammenhang gilt übergreifend für alle Branchen.[15] Darum entspricht das Bild von behäbigen Branchenführern, die zu leichten Opfern schneller Herausforderer werden können, meist nicht der Realität. In der Regel sind Branchenführer die wettbewerbsstärksten Unternehmen des Marktes. Ihre überlegene Position beruht auf größeren Ressourcen und einer Reihe struktureller Vorteile, von denen hier nur die wichtigsten aufgezählt sind:

- *Kostenstruktur:* Lernkurveneffekte, Fixkostendegression und Einkaufsmacht verschaffen großen Unternehmen Kostenvorteile.
- *Kundenzugriff:* Bekannte Marken, große Kundenbestände und erlernte Kaufgewohnheiten verankern Branchenführer fester bei den Kunden.
- *Engpässe:* Große Unternehmen haben einen besseren Zugang zu knappen Ressourcen (z. B. Rohstoffe, Lizenzen) und können selbst Engpässe schaffen (z. B. Lieferanten exklusiv binden, technische Standards festlegen).
- *Liquidität:* Die Unternehmenserträge steigen mit dem Marktanteil. Große Unternehmen haben darum bei gesunder Finanzierung den »längeren Atem«.

Einige dieser Größenvorteile haben in den letzten Jahren an Bedeutung eingebüßt. So können kleine Anbieter heute durch Outsourcing die Kostenstrukturen großer Hersteller erreichen. An der grundlegenden Asymmetrie zwischen Branchenführern und Herausforderern hat sich dadurch aber nichts geändert. Die Branchenführer sind grundsätzlich nicht nur größer, sondern auch stärker. Darum befinden sie sich in einer besseren Ausgangsposition, um den Verdrängungswettbewerb gegen Herausforderer zu gewinnen. Sie können ihre Stärken nutzen, um die Wachstumsinitiativen der Wettbewerber abzuwehren und zum Gegenschlag auszuholen. Microsoft ist beispielsweise unter der Führung von Bill Gates konsequent in das Duell mit dem Herausforderer Netscape eingetreten. Der Verlauf dieses ungleichen Duells, das mit Netscapes Niederlage endete, wird in Teil III des Buches beschrieben.[16] Branchenführer haben stets das Potenzial, den Wachstumsambitionen der Herausforderer entgegenzutreten und diese mit noch stärkeren Gegenmaßnahmen in den Schatten zu stellen. Diese Ausgangslage führt im nächsten Schritt zum Schlüsselproblem, das Herausforderer beim Wettlauf um Marktanteile lösen müssen.

Zweitens: Entscheidend ist letztlich nicht, was Branchenführer *können*, sondern was sie tatsächlich *tun*. Entscheidend ist nicht, ob sie größere Ressourcen und Strukturvorteile besitzen. Entscheidend ist lediglich, ob sie diese Stärken auch wirklich einsetzen. Das ist der archimedische Punkt, an dem Wachstumsstrategien ansetzen müssen, um im Wettbewerb mit großen Konkurrenten wirksam zu sein. Herausforderer können nicht verhindern, dass sich der Branchenführer in einer stärkeren Position befindet. Darum müssen sie verhindern, dass er seine Vorteile im Wettbewerb ausspielt. Ein Herausforderer kann das Potenzial seines großen Gegenspielers weder ignorieren noch übertreffen. Also muss er es neutralisieren.

Das Potenzial des Branchenführers neutralisieren

Manche Herausforderer erfassen diesen Kernpunkt nicht explizit und setzen mit ihren Initiativen an der falschen Stelle an. Sie konzentrieren sich darauf, operative Leistungsvorteile zu schaffen, indem sie zum Beispiel bessere Produkte und Serviceleistungen lancieren. Damit lösen sie jedoch nicht das Kernproblem. Solange der Branchenführer seine überlegenen Ressourcen mobilisieren kann, ist es letztlich zweitrangig, wer Produktvorteile besitzt. Die Geschichte gescheiterter Wachstumsinitiativen kennt zahlreiche, exzellente Produkte und Dienstleistungen, die von der Marktmacht etablierter Branchenführer aus dem Markt gedrängt wurden. In diesen Fällen haben sich Herausforderer oft auf Leistungsvorteile fokussiert und das Kernproblem nicht adressiert: die großen Konkurrenten am Gegenschlag zu hindern. Diese Erfahrung hat auch Netscape machen müssen. Das Unternehmen setzte im Wettbewerb mit Microsoft auf die Qualität seines Browsers. Die vermeintlichen Produktvorteile des Herausforderers konnten den Branchenprimus Microsoft jedoch nicht davon abhalten, sich schließlich durchzusetzen. Selbst Apple hat diese harte Lektion lernen müssen. Obwohl der Herausforderer mit seinen bahnbrechenden PCs den Computermarkt revolutionierte, hielt dies den Platzhirschen IBM nicht davon ab, mit eigenen Produktkonzepten dagegenzuhalten, die Apple über Jahre zu einer Fußnote der Geschichte machten.[17]

Bessere Produkte adressieren nicht das Kernproblem

Darum reicht es im Wettbewerb mit Branchenführern meist nicht aus, eine bessere Leistung anzubieten. Herausforderer müssen dem großen Konkurrenten einen Schritt voraus sein und verhindern, dass der Branchenführer sein überlegenes Potenzial mobilisiert. Diese Aufgabe kann meist nicht auf der operativen Ebene gelöst werden. Dafür ist es häufig unerheblich, wie reibungslos ein Unternehmen seine Geschäftsprozesse beherrscht, wie gut seine Produkte sind, wie viel Engagement seine Servicemitarbeiter zeigen oder wie herausragend die Markenkommunikation ist. Diese Aufgabe kann nur auf der strategischen Ebene gelöst werden. Geeignete Lösungsmuster sind bereits vor langer Zeit in einem ganz anderen Kontext entwickelt worden: von Caesar, Napoleon & Co.

Die Vorlagen: Caesar, Napoleon & Co.

Der Blick in die Geschichte bietet ausgezeichnete Vorlagen für den Wettbewerb mit Branchenführern. Gerade auf historischem Gebiet sind die Kernaufgaben eines solchen Vorhabens nachvollziehbar und überzeugend gelöst worden. Bereits vor Jahrhunderten standen Feldherren vor der Aufgabe, sich in wichtigen Schlachten gegen größere Wettbewerber durchzusetzen. Caesar, Hannibal oder Napoleon haben diese Herausforderungen angenommen und konnten mit erstaunlichen Erfolgen Geschichte schreiben (vgl. Abb. 1). Dabei waren Caesar & Co. mit den gleichen Kernproblemen konfrontiert, die Herausforderer heute im Wettbewerb mit Branchenführern lösen müssen. Ihre Kontrahenten waren meist nicht nur größer, sondern auch stärker; sie waren nicht nur numerisch überlegen, sondern häufig auch besser ausgestattet und damit in einer weit günstigeren Ausgangsposition, um die Schlacht für sich zu entscheiden.

Abb. 1: Erfolge gegen größere Wettbewerber

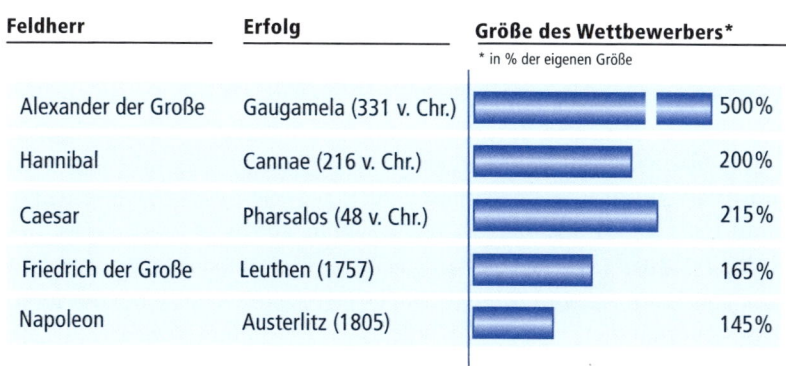

Feldherr	Erfolg	Größe des Wettbewerbers*
		* in % der eigenen Größe
Alexander der Große	Gaugamela (331 v. Chr.)	500%
Hannibal	Cannae (216 v. Chr.)	200%
Caesar	Pharsalos (48 v. Chr.)	215%
Friedrich der Große	Leuthen (1757)	165%
Napoleon	Austerlitz (1805)	145%

Quelle: Lane Fox (2010), Kroener (2003), Meier (2002), Speidel (2003), Hebold (2008)

Auf operative Leistungsvorteile durften sich Caesar & Co. angesichts dieser ungleichen Kräfteverhältnisse nicht verlassen. Den entscheidenden Ausschlag konnten nicht individuelle Spitzenleistungen der Krieger liefern, sondern nur überlegene Ideen.[18] Caesar & Co. haben ihre Strategien schon in der Grundstruktur so angelegt, dass die größeren Ressourcen des Gegners nicht zur Geltung kamen. Sie räumten den überlegenen Konkurrenten keine Gelegenheit ein, ihre Wettbewerbsvorteile zu entfalten und wirksam auszuspielen. Häufig waren die Strategien von Caesar & Co. in ihrer inneren Logik so zwingend, dass selbst die Wettbewerber diesen Plänen folgten und einen Beitrag zur eigenen Niederlage leisteten.

Die Erfolge von Caesar & Co. sind Teil eines empirischen Musters, das über die Jahrhunderte nachweisbar ist: Versucht ein kleiner Herausforderer mit konventionellen Mitteln zu gewinnen, hat er nur geringe Chancen. Im konventionellen Wettbewerb setzen sich letztlich die überlegenen Ressourcen durch. Verwendet der kleine Herausforderer jedoch eine innovative Strategie, dann wendet sich das Blatt. Plötzlich wird der Kleine zum Favoriten. Auf einmal ist nicht mehr der Umfang der Ressourcen entscheidend, sondern nur die Frage, wie diese eingesetzt werden.[19]

Das Grundmuster überraschender Erfolge

Die Strategien von Caesar & Co. lassen sich auf das moderne Management übertragen und sind angesichts gesättigter Märkte von besonderer Relevanz, weil sie im Prinzip auch die Probleme wachstumsorientierter Unternehmen im Verdrängungswettbewerb lösen. Darum folgen erfolgreiche Herausforderer in unterschiedlichsten Branchen diesen Strategien – manche tun dies vielleicht bewusst, viele wahrscheinlich unbewusst. In diesem Buch dienen die Ideen von Caesar & Co. ganz bewusst als Inspirationsquellen, aber auch als konkrete Blaupausen, um wirksame Lösungen für die Herausforderungen des Wettbewerbs mit Branchenführern vorzustellen. Dabei geht es nicht darum, die Ideologie oder die Ziele kriegerischer Konflikte zu übernehmen.[20] Es geht vielmehr darum, die über Jahrhunderte weiterentwickelte Kunst des Wettbewerbs mit großen Konkurrenten zu nutzen, um konstruktive Ziele zu verfolgen und Unternehmen auch auf gesättigten Märkten zu nachhaltigem Wachstum zu führen. Aus diesem Ansatz ist die ANA-Methode entstanden.

Die Anwendung: Wachstum mit der ANA-Methode

Die ANA-Methode ist ein Gesamtkonzept für den Wettbewerb mit Branchenführern. Sie überträgt die Ideen von Caesar & Co. auf die heutigen Märkte und kombiniert Strategien mit Instrumenten zur Strategieanwendung. Die Methode besteht im Kern aus fünf Herausfordererstrategien. Diese Strategien nutzen klassische Wettbewerbsnachteile großer Konkurrenten, neutralisieren deren überlegenes Potenzial und richten die eigenen Wachstumsinitiativen auf die wirksamsten Stellen des Marktes. Ergänzt werden diese fünf Strategien durch Instrumente zur Wettbewerbsanalyse sowie zur Strategieauswahl und Strategieimplementierung. Auf diese Weise entsteht ein integriertes Konzept, das den ganzen Strategieprozess umfasst und jede Prozessphase mit aufeinander abgestimmten Instrumenten unterstützt.

Die Grundlagen und die zwei wichtigsten Instrumente der ANA-Methode werden gleich im Anschluss in *Teil II* des Buches vorgestellt.

In *Teil III* folgen die fünf konkreten Strategien (vgl. Abb. 2). Zunächst wird die Grundidee jeder Strategie am Ablauf einer historischen Schlacht von Caesar & Co. erläutert. Danach zeigen Fallbeispiele aus dem heutigen Management, wie Unternehmen diese Vorlagen im Wettbewerb mit Branchenführern nutzen können. Sie erfahren, in welchen Wettbewerbssituationen die jeweiligen Strategien eingesetzt werden können und welche zentralen Erfolgsfaktoren beim Einsatz eine Rolle spielen. Die wichtigsten Aspekte der Strategien sind am Ende jedes Kapitels zusammenfassend dargestellt.

Abb. 2: Strategien

Strategien	Vorlage	Anwendung
1. Das Kerngeschäft umfassen	Hannibal	TTI u. a.
2. Die Überdehnung der Konkurrenten nutzen	Alexander der Große	Ryanair u. a.
3. Etablierte Strukturen brechen	Caesar	Apple u. a.
4. Die Erwartungswelle antizipieren	Napoleon	ING-DiBa u. a.
5. Ein Randsegment als Sprungbrett nutzen	Friedrich der Große	Oracle u. a.

In *Teil IV* dreht sich schließlich alles um die Anwendung der Strategien. Sie erfahren, wie große Wettbewerber systematisch analysiert werden können, um entscheidende Ansatzpunkte für das eigene Wachstum zu finden. Darüber hinaus wird ausführlich dargestellt, wie Sie die fünf Herausfordererstrategien an Ihre konkrete Wettbewerbssituation anpassen können und welche Schritte zu deren Implementierung notwendig sind.

Die Hauptaufgabe der ANA-Methode ist es, die Brücke zwischen den Ideen von Caesar & Co. und den praktischen Managementaufgaben der Gegenwart zu schlagen. Mit dieser Methode können Sie neue Bezugsräume erschließen und von universellen Erfahrungen profitieren – von den Erkenntnissen jener Feldherren, die schon vor Jahrhunderten den Kern des Problems erfasst haben, den der Wettbewerb mit großen Konkurrenten darstellt. Niemand kann heute mit Bestimmtheit sagen, wie Napoleon Bonaparte einen modernen Großkonzern geführt hätte. Aber mithilfe der ANA-Methode wird nachvollziehbar, wie manches Unternehmen noch erfolgreicher sein könnte, wenn es Napoleons Strategien folgen würde.

TEIL II

Die Grundlagen

Zwei Basisinstrumente

Die Strategien von Caesar & Co. bieten modernen Herausforderern wirksame Vorlagen, weil sie allgemeingültigen Erfolgsstrukturen folgen. In diesem Kapitel werden zwei Basisinstrumente vorgestellt, um Wachstumsoffensiven nach diesen Erfolgsstrukturen aufzubauen: das *Lagefenster* der Wettbewerbssituation und der universelle *ANA-Bauplan* erfolgreicher Herausfordererstrategien.

Universelle Erfolgsstrukturen für Herausforderer

Mithilfe dieser zwei Instrumente werden anschließend in Teil III des Buches die fünf Erfolgsstrategien von Caesar & Co. vorgestellt. In Teil IV geht es dann darum, wie Herausforderer diese Instrumente einsetzen können, um ihre individuelle Ausgangssituation zu analysieren und die wirksamste Strategie auszuwählen.

Das Lagefenster

Die Basis erfolgreicher Wachstumsoffensiven ist eine adäquate Situationsanalyse. Caesar & Co. haben der Ausgangslage große Bedeutung beigemessen und die Möglichkeiten der Wettbewerbssituation meist klarer erfasst als ihre Konkurrenten.[21] Die Zusammenhänge deutlich zu sehen, die Stärken und Schwächen der Wettbewerber zu erkennen – das sind zentrale Voraussetzungen, um Wachstumsinitiativen an der wirksamsten Stelle zu starten und mit einer geeigneten Strategie voranzutreiben. Dabei ist es entscheidend, den Überblick zu bewahren und nicht in den Details unterzugehen. Es geht vor allem um das

Gesamtbild, nicht um Einzelheiten. Der Schlüssel dazu ist die Konzentration auf die wesentlichen Elemente der Wettbewerbssituation und ihre möglichst transparente Darstellung. Diese Aufgabe leistet das Lagefenster.

In Abb. 3 ist das Lagefenster für die typische Ausgangssituation von Caesar & Co. dargestellt. Links ist die Schlachtreihe eines Herausforderers abgebildet und rechts die Schlachtreihe seines großen Wettbewerbers. Beide Schlachtreihen sind in drei Teile gegliedert: in das Zentrum sowie in die linke und die rechte Flanke. Normalerweise stehen im Zentrum der Schlachtreihe die schweren, weniger beweglichen Einheiten. An den Flanken sind in der Regel die schnellen, mobilen Einheiten aufgestellt, beispielsweise die Reiterei.[22]

Abb. 3: Lagefenster von Caesar & Co.

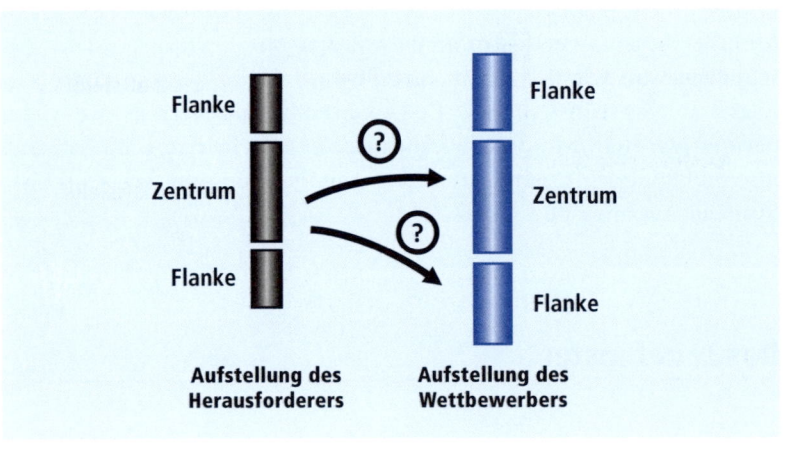

Im Lagefenster heutiger Herausforderer wird die Aufstellung der Wettbewerber im Markt entlang der Geschäftsfelder dargestellt (vgl. Abb. 4). Im Zentrum stehen jene Kerngeschäftsfelder und Marktsegmente, die den größten Beitrag zum Unternehmensergebnis liefern. An den Flanken sind die Geschäftsfelder und Marktsegmente mit geringerer Bedeutung für das Unternehmensergebnis angeordnet.

Die Visualisierung der Wettbewerbssituation verdeutlicht, dass Caesar & Co. mit den gleichen strategischen Schlüsselfragen konfrontiert waren wie heutige Herausforderer. An welcher Stelle des Schauplatzes sollte eine wirksame Wachstumsoffensive ansetzen? In einem Kernsegment oder in den Randsegmenten? Wie kann verhindert werden, dass der Branchenführer seine überlegenen Ressourcen mobilisiert und zur Gegenoffensive auf das eigene Kerngeschäft übergeht? In beiden Welten macht es angesichts überlegener Wettbewerber wenig Sinn, gegen den Konkurrenten anzurennen. Diese Fragen müssen meist mithilfe einer geeigneten Strategie beantwortet werden.

Abb. 4: **Lagefenster des Managements**

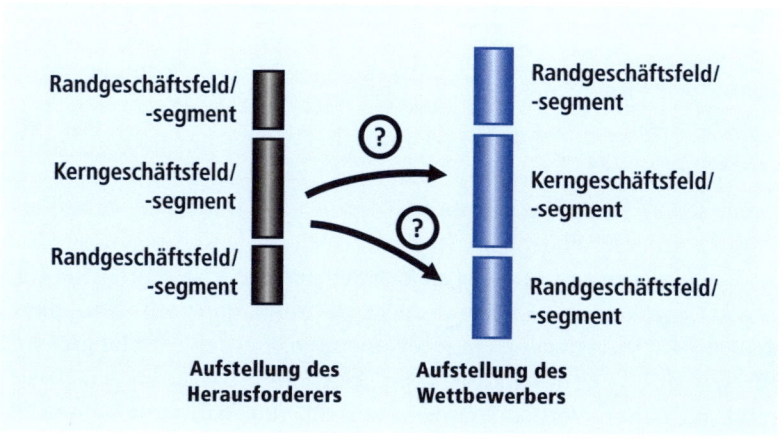

Ergänzt wird das Lagefenster durch ein zweites Instrument: den universellen Bauplan erfolgreicher Herausfordererstrategien.

Der Bauplan erfolgreicher Strategien

Erfolgsstrategien für Herausforderer folgen einer Grundstruktur, die in allen Epochen ihre Gültigkeit bewiesen hat. Dieser Bauplan besteht aus drei Teilen:

- **Achillesferse**
- **Neutralisierungsmanöver**
- **Angriffsmanöver**

Dazu folgende Vorüberlegungen: Da Branchenführer ohnehin im Vorteil sind, sollten Herausforderer die eigene Schlagkraft nicht mindern, indem sie ihre Ressourcen auf dem Schauplatz zersplittern. Strategie ist letztlich die Konzentration der Kräfte in Raum und Zeit. Diese Maxime formulierte Carl von Clausewitz, der Begründer der modernen Strategielehre.[23] Bei einer strategischen Wachstumsoffensive geht es vor allem darum, die eigenen Kräfte zusammenzuführen. Diese Konzentration der Kräfte sollte nicht an einer beliebigen Stelle des Schauplatzes erfolgen, sondern an der wirksamsten Stelle – an der Schwachstelle des Branchenführers.[24] Gleichzeitig gilt es den Branchenführer daran zu hindern, dieser Schwachstelle rechtzeitig entgegenzuwirken oder seine umfangreichen Ressourcen für eine wirkungsvolle Gegenoffensive zu nutzen. Basierend auf diesen Vorüberlegungen besteht eine wirksame Herausforderstrategie aus drei Elementen:

> **Strategie ist die Konzentration der Kräfte in Raum und Zeit**

- **Achillesferse:** Im ersten Schritt muss die wirksamste Stelle für einen Vorstoß gefunden werden; jene Stelle, an der ein Branchenführer den geringsten Wettbewerbsvorteil besitzt und die Chance einer Wachstumsoffensive am größten ist. Große Heere haben klassische Schwachstellen – große Unternehmen auch. In der Antike wie heute basieren solche Achillesfersen auf Fehlern in Positionierung, Stoßrichtung oder Segmentierung. Es ist das primäre Ziel der Situationsanalyse, solche Schwachstellen zu identifizieren. Gibt es keine, müssen sie durch vorbereitende Maßnahmen geschaffen werden. An dieser Stelle setzt die Wachstumsoffensive an.

- **Neutralisierungsmanöver:** Im zweiten Schritt erfolgt noch kein Vorstoß. Zunächst muss das Kernproblem des Wettbewerbs mit Branchenführern gelöst werden: die Fähigkeit des Konkurrenten, seine überlegenen Kräfte sinnvoll zu nutzen, um die Achillesferse zu verteidigen. Die Übermacht des Branchenführers muss darum mit einem Neutralisierungsmanöver gebunden werden. In der Unternehmenswelt erfolgt die Neutralisierung zumeist durch eine bereits eingeleitete Bewegung des Branchenführers, die nicht abgebrochen werden kann und dessen Ressourcen bindet. Auf dem Schlachtfeld haben Caesar & Co. zu diesem Zweck Scheinangriffe und Scheinrückzüge eingesetzt.

- **Angriffsmanöver:** Erst im dritten Schritt, wenn eine Schwachstelle identifiziert wurde und der Branchenführer durch ein Neutralisierungsmanöver abgelenkt ist, erfolgt das eigentliche Angriffsmanöver. Was so martialisch klingt, bezeichnet in der Welt des Managements eine Wachstumsoffensive, die darauf ausgerichtet ist, Marktanteile zu gewinnen. Dabei werden im Rahmen des Angriffsmanövers die eigenen Kräfte an der Achillesferse des Wettbewerbers konzentriert, um einen größtmöglichen Erfolg zu erzielen. Dieses Manöver verwandelt die *globale Unterlegenheit* des Herausforderers auf dem Markt in eine *lokale Überlegenheit* an der wirksamsten Stelle des Marktes.

Diesem dreistufigen Schema folgen erfolgreiche Strategien durch alle Epochen bis in die heutige Unternehmensführung. Selbst die Techniken asiatischer Kampfsportarten, mit deren Hilfe auch stärkere Gegner besiegt werden sollen, beruhen auf einem ähnlichen Prinzip. Die eigentliche Kunst besteht im flüssigen Zusammenspiel dieser drei Elemente, wenn zum Beispiel das Neutralisierungs- und das Angriffsmanöver sich gegenseitig verstärken.

Gemeinsam ergeben das *Lagefenster* und der *ANA-Bauplan* ein umfassendes Instrumentarium, um eine Wachstumsoffensive im Wettbewerb mit Branchenführern systematisch zu gliedern. Damit sind die strukturellen Grundlagen gelegt, um die Erfolgsstrategien von Caesar & Co. auf die heutigen Märkte zu übertragen.

TEIL III:

Die Strategien

Strategie Nr. 1:
Das Kerngeschäft umfassen

Die Vorlage: Hannibal und die Schlacht von Cannae

Im Sommer 216 v. Chr. rechneten Roms Bürger mit dem Schlimmsten. Die Existenz der stolzen Stadt am Tiber stand auf dem Spiel. Auslöser dieser Befürchtungen war eine dramatische Niederlage der römischen Legionen. In der Schlacht von Cannae waren die Römer vom kleinen Heer des Erzrivalen Karthago vernichtend geschlagen worden. Diese Niederlage sollte für viele Jahre ein dunkler Fleck der römischen Geschichte bleiben. Der Bezwinger Roms hingegen hat sich mit seiner Leistung ins Gedächtnis der Menschheit eingeschrieben. Noch 2000 Jahre später war selbst Napoleon Bonaparte von seinem strategischen Können beeindruckt. Der Name dieses außergewöhnlichen Feldherrn ist Hannibal.

In der Schlacht von Cannae gipfelte ein Konflikt, der schon Jahrzehnte zwischen Rom und Karthago schwelte. Rom war zu dieser Zeit noch kein Weltreich, sondern die aufstrebende Regionalmacht Italiens. Karthago war ein ähnlich mächtiger Staat an der Mittelmeerküste Nordafrikas, im heutigen Tunesien. Die Interessensphären der beiden Rivalen überschnitten sich mehrfach und hatten bereits zu einem Seekrieg geführt, der mit Karthagos

Hannibal plant einen Überraschungscoup

Niederlage endete. Karthago lief nun Gefahr, von den expansiven Römern verdrängt zu werden und in der Bedeutungslosigkeit zu versinken. In dieser Situation entschloss sich Karthagos Heerführer Hannibal zu einem Überraschungscoup. Er plante, die Römer dort anzugreifen, wo sie es am wenigsten erwarteten: vor deren eigener Haustür. Seine Truppen sollten den Gegner auf den Ebenen Italiens bezwingen. Um den Überraschungseffekt zu maximieren, entschied sich Hannibal für eine riskante Anmarschroute. Er ließ seine Armee nicht von der Flotte nach Italien übersetzen, sondern wählte den langen und beschwerlichen Landweg durch Spanien und über die Alpen.

Die Alpenüberquerung stellte damals ein großes Wagnis dar. Dass Hannibal diese Leistung im stürmischen Herbst 218 v. Chr. gelang, hat ebenso stark zu seinem Nachruhm beigetragen wie sein späterer Schlachterfolg. Es wurde ein Marsch auf Messers Schneide. Widrigste Bedingungen begleiteten den Aufstieg der Karthager ins Hochgebirge. Tag für Tag kämpfte sich Hannibals Armee durch Schneewehen und folgte den engen Bergpfaden hinauf zu den eisigen Höhen des Col de la Traversette auf 2950 Meter. Die unbarmherzige Kälte legte sich wie eine Bleidecke über die Soldaten. Jeder Schritt erforderte Willenskraft, jeder Atemzug schmerzte wie ein Dolchstoß in die Lunge. Doch diese Umstände durften Hannibal nicht aufhalten. Unbeirrt musste er seine Soldaten weiterführen, sonst drohte der ganzen Armee in der alpinen Schneewüste der Hungertod. Als die Karthager bereits die höchsten Gipfel überwunden hatten und auf dem Abstieg ins Tal waren, brach eine Lawine los und riss einen Teil der Truppe mit in die Tiefe. Doch schließlich war es geschafft: Hannibals Armee erblickte die rettenden Ebenen Norditaliens. Das Überraschungsmanöver war geglückt. Die Römer waren völlig überrumpelt. [25]

Wie erhofft konnten Hannibals Truppen das Überraschungsmoment nutzen. Sofort verwickelten sie die römischen Verteidiger in mehrere Gefechte. Diese Bedrohung im eigenen Vorhof konnte Rom sich nicht bieten lassen. Der Senat stellte das größte Heer auf, das Rom jemals gesehen hatte. Unter dem Kommando des Konsuls Gaius Terentius Varro zogen die Legionen aus, um Hannibal zu stoppen. Varro brannte vor Ehrgeiz. Er konnte es kaum erwarten, die Karthager zu stellen und zu vernichten. [26] Am Ufer des apulischen Flusses Aufidus trafen die gegnerischen Heere beim Dörfchen Cannae aufeinander.

Die römische Reaktion

Hannibal verfügte über 40 000 Soldaten. Die Römer hingegen zählten über 80 000 Legionäre. Während die Karthager nach der Alpenüberquerung ausgedünnt waren, strotzten die frisch ausgehobenen und gut ausgerüsteten Römer vor Kraft und Zuversicht. Varro schien allen Grund zu haben, der Auseinandersetzung siegessicher entgegenzublicken. Die beiden Armeen schlugen in Sichtweite zueinander ihre Lager auf. Am Morgen des 2. August 216 v. Chr. war es so weit. Hannibal und Varro ließen ihre Truppen antreten. Die Soldaten reihten sich zur Schlacht auf.[27]

Der Plan des Varro

Für Gaius Terentius Varro war die Ausgangslage offensichtlich. Er kannte die Stärken seiner Truppen und gedachte diese zu nutzen. Die römischen Legionen waren schwerer bewaffnet als ihre Gegner und besaßen eine höhere Durchschlagskraft. Auf dieser Kernkompetenz des römischen Heeres baute Varro seinen Schlachtplan auf. Ein Frontalangriff auf das Zentrum des Gegners würde diese Stärke voll ausspielen und die gegnerische Schlachtreihe zertrümmern. Je kompakter, je konzentrierter der römische Block stand, desto gewaltiger würde dieser Schlag ausfallen.

Varro setzt auf die römische Kernkompetenz

Darum stellte Varro seine Legionen in einer kurzen und tief gestaffelten Schlachtreihe auf (vgl. Abb. 5). Die römische Formation war fast quadratisch angeordnet. Ein dichter Infanterieblock stand in der Mitte. Die wenigen Reiter wurden an die Seiten gesetzt. Varro war überzeugt, die gegnerische Schlachtreihe mit einem einzigen Sturmangriff seiner kompakten Infanterie in der Mitte sprengen zu können. Danach würde er sich in Ruhe den zersplitterten Einheiten des Gegners widmen. Wie eine riesige Faust ballte er seine Truppen zusammen, um sie dem Gegner direkt gegen die Brust zu rammen und Hannibals Armee mit einem einzigen Schlag zu besiegen. Dem Schwung seiner überdimensionalen Abrissbirne aus 80 000 Legionären würde die karthagische Schlachtreihe nichts entgegensetzen können.

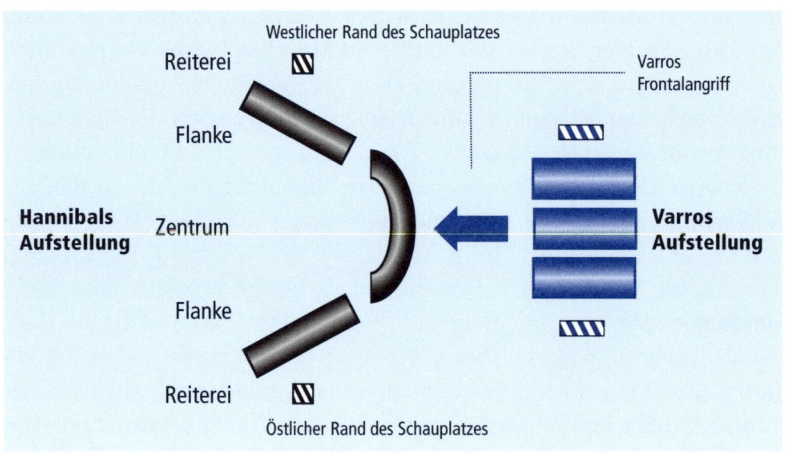

Westlicher Rand des Schauplatzes

Reiterei

Flanke

Hannibals Aufstellung Zentrum

Flanke

Reiterei

Östlicher Rand des Schauplatzes

Varros Frontalangriff

Varros Aufstellung

Die Achillesferse

Diesem Plan seines Gegners konnte Hannibal die Beweglichkeit, Schnelligkeit und Flexibilität seiner Truppen entgegenstellen. Im Vergleich zu den schwer bewaffneten und kompakten römischen Legionen konnten die locker gegliederten und leichter ausgerüsteten Karthager flexibler und wendiger agieren. Diese Vorteile gedachte Hannibal zu nutzen. Eine entsprechende Achillesferse hatte er in Varros Aufstellung bereits erkannt: Die äußerst dichte, auf das Zentrum konzentrierte Aufstellung der Römer bot ihm eine entscheidende Chance, um die eigenen Stärken zu entfalten. Hannibal entwarf einen Schlachtplan, der auf Geduld und Disziplin setzte.

Vor allen Dingen benötigte Hannibal jedoch eine Aufstellung, die seine Pläne nicht verriet, sondern wirksam verschleierte. Darum stellte er seine Truppe in einem halbkreisförmigen Bogen auf. Das Zentrum dieses Halbmondes wölbte sich den Römern entgegen, während die Flanken schräg nach hinten ragten (vgl. Abb. 5). An den Seiten dieses Halbmondes stellte Hannibal seine Reiterei auf. Der Großteil der Reiter formierte sich an der linken Seite, während der Rest die rechte Flanke deckte. Auf die Römer wirkte die karthagische Aufstellung äußerst defensiv. Hannibal schien seine Truppen bereits zu einer Wagenburg zusammenzuziehen und sich auf eine Abwehrschlacht einzurichten. Varro konnte in der Aufstellung seines Gegners keinen Anlass finden, um seine Pläne zu ändern. Der Untergang der kleinen, karthagischen Armee war für ihn besiegelt.

Die römischen Legionäre nahmen nun ihre Schilde auf. Die Trompeten bliesen zum Angriff. Roms Abrissbirne setzte sich in Bewegung. Im Laufschritt rannten 80 000 Legionäre über das Schlachtfeld – und prallten mit voller Wucht gegen die dünne Abwehrlinie der Karthager. Hannibals Soldaten konnten den konzentrierten Schlag der Römer nicht aufhalten. Das Zentrum der karthagischen Schlachtreihe wich vor der Krafteinwirkung ihres Gegners sofort zurück. Allein die Masse des römischen Ansturms drängte die Karthager in die Defensive. Immer tiefer bohrte sich der römische Block in die nachgebende Schlachtlinie des Gegners hinein. Immer weiter wichen Hannibals Soldaten zurück. Die Römer stürmten nach vorne. Die Karthager taumelten zurück. Gleich würde Hannibals Schlachtreihe reißen. Gleich würde Varro der Durchbruch gelingen. Die Schlacht schien entschieden zu sein, bevor sie richtig begonnen hatte.

Hannibals Vorstoß an den Flanken

Aufmerksam verfolgte Hannibal das Zurückweichen seiner Truppen. Der Schlachtverlauf beunruhigte ihn nicht, denn sein Plan schien aufzugehen. Gespannt blickte er über das wogende Zentrum der Schlacht hinweg – und richtete seinen Blick dorthin, wo Roms Aufmerksamkeit nicht war: an die Flanken.

Das Neutralisierungsmanöver

Während das karthagische Zentrum in der Schlachtfeldmitte zurückwich, konnte Hannibals Reiterei auf den Außenbahnen einen – scheinbar nebensächlichen – Erfolg erzielen. Unbeachtet von der römischen Führung hatten die karthagischen Reiter ihre Gegenspieler besiegt (vgl. Abb. 6). Der Großteil der karthagischen Kavallerie hatte auf dem westlichen Flügel die unterlegenen römischen Reiter überrumpelt und war danach auf die östliche Schlachtfeldseite gewechselt, um auch dort den römischen Flankenschutz auszuschalten. Nach diesem schnellen Sieg erwartete Hannibals Kavallerie jedoch die härteste Prüfung: Sie musste geduldig abwarten. Denn der Zeitpunkt für ihren finalen Einsatz war noch nicht gekommen. Die gleiche übermenschliche Zurückhaltung musste auch Hannibals Infanterie an beiden Flanken aufbringen. Während ihre Kameraden im Zentrum bedrängt wurden, zügelten sie ihren Tatendrang und erfüllten diszipliniert die einzige Aufgabe, die Hannibal ihnen gestellt hatte: langsam und vorsichtig vorzurücken. Grimmig ertrugen sie es, dass die Einheiten im Zentrum vor der entfesselten römischen Infanterie immer weiter zurückweichen mussten. Ihre Geduld schien grenzenlos. Sie wussten, ihre Zeit würde kommen.

Abb. 6: Das Vorgehen der karthagischen Kavallerie

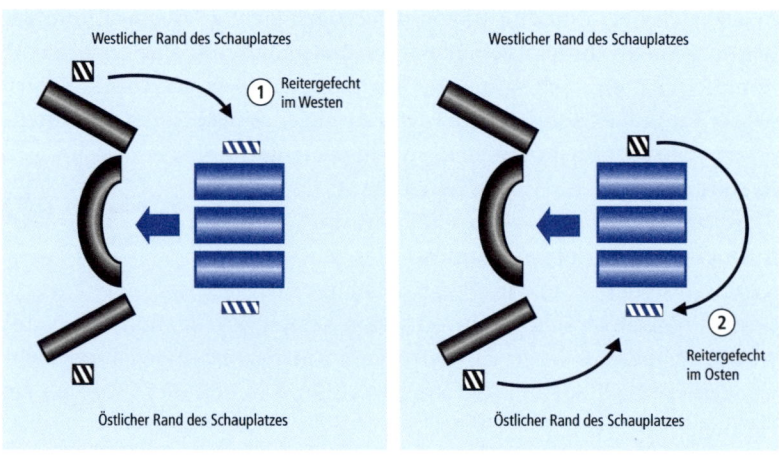

Der Tumult in der Schlachtfeldmitte war inzwischen unbeschreiblich. Immer weiter wichen die scheinbar hasenfüßigen Karthager zurück. Immer wilder stürmten die römischen Legionäre vor. Die Offiziere konnten ihre Soldaten kaum halten. Der römische Sieg schien greifbar nahe. Es ist nicht ganz klar, wann die Römer endlich erkannten, in welch tödliche Falle sie gelaufen waren. Plötzlich müssen sie jedoch bemerkt haben, dass etwas nicht stimmte. Auf einmal ließen sie ihre Blicke über das Schlachtfeld schweifen und erkannten schlagartig die nahende Katastrophe. Doch da war es bereits zu spät. Hannibals Plan war aufgegangen.

Das Angriffsmanöver

Während Hannibals Zentrum sich als Zielscheibe angeboten hatte, um dann zurückzuweichen, waren die Karthager an den Flanken stetig vorgerückt. Auf diese Weise hatte sich der karthagische Halbmond allmählich in eine gerade Linie verwandelt. Nachdem die karthagischen Flanken den Scheitelpunkt erreicht hatten, schwenkten sie nach innen und begannen, den vorwärtsstürmenden römischen Block zu umfassen (vgl. Abb. 7).

Erst zu diesem Zeitpunkt hatten die Karthager ihr Tempo erhöht und waren nach vorne gestürmt, um die römische Formation komplett zu umschließen. Der römische Flankenschutz war von den karthagischen Reitern bereits ausgeschaltet worden und konnte sie nicht mehr an dieser Bewegung hindern. Plötzlich waren die ungeschützten Seiten der Römer von karthagischen Einheiten bedroht, die in ihre Reihen drängten. Auf einmal standen an den römischen Flanken die wohlgeordneten Linien der karthagischen Flügel und zerstörten die römische Aufstellung. Hannibals Reiter – seit ihrem frühen Einsatz gegen die römische Kavallerie untätig – umritten jetzt die Front und schlossen den Kessel im Rücken der Römer (vgl. Abb. 7). Plötzlich waren die Römer von allen Seiten umzingelt – durch einen Gegner, der zahlenmäßig gerade einmal halb so groß war wie sie.

Die karthagische Umklammerung neutralisierte den Großteil der römischen Truppen. Ohne jeden Feindkontakt standen die meisten Römer dicht gedrängt in der Mitte des Kessels und mussten hilflos zusehen, wie ihre Kameraden an den Außenseiten hart bedrängt wurden. Den Karthagern fiel es nicht schwer, sich durchzusetzen. Ihren geschlossenen und durchorganisierten Verbänden stand jetzt ein chaotischer römischer Haufen gegenüber, der sich verhielt wie die Fahrgäste in einer überfüllten U-Bahn zur Pendlerzeit.

Abb. 7: Die Umfassungsbewegung

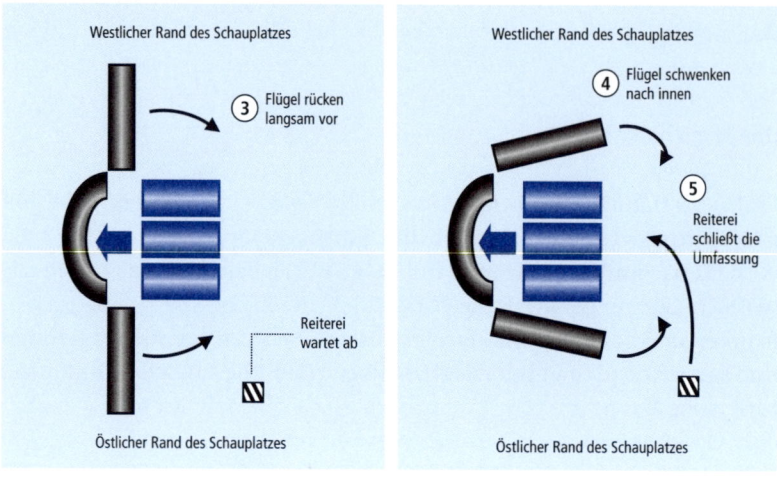

Auf engstem Raum eingeschlossen, konnten die Legionäre keine koordinierten Bewegungen einleiten. Die karthagische Schlachtreihe hatte sich wie eine Schlinge um den Gegner gelegt und schnürte ihn ein, bis dessen Kampfkraft sich aufgelöst hatte. Die Römer hatten keine Bewegungs- und Handlungsfreiheit mehr. Ein organisierter Widerstand war in der drangvollen Enge des Kessels nicht möglich. Es blieben nur noch die Alternativen, aufzugeben oder unterzugehen. Die Schlacht war für die Römer verloren. Hannibal hatte gesiegt.

Die Strategieanalyse

Hannibals Sieg bei Cannae hat Maßstäbe gesetzt. Selten konnte eine kleine Armee einen großen Gegner mit so geringen eigenen Verlusten bezwingen. Über Jahrtausende hat Hannibals Erfolg die Militärstrategen beschäftigt und inspiriert. Die Römer selbst haben aus dieser Katastrophe ihre Lehren gezogen und ihr Militärwesen reformiert. Aber wirklich verstehen konnten sie die Niederlage nie. Wie hatten die Karthager es geschafft, Roms überlegene Legionen einzukesseln? Warum glückte Hannibal ein Manöver, das vor ihm weit größeren Armeen misslang? Was war sein Erfolgsgeheimnis?

Hannibals Umfassungsmanöver konnte gelingen, weil Roms Legionen einem engen Fokus folgten und sich ausschließlich auf eine Kernkompetenz konzentrierten: die frontale Durchschlagskraft der schweren Infanterie. Um diesen Wettbewerbsvorteil voll auszuspielen, standen die römischen Soldaten dicht gedrängt in einer äußerst kurzen Schlacht-reihe. Varro richtete seinen Schlachtplan auf diese Kernkompetenz aus und zielte auf das gegnerische Zentrum, während er die Ränder des Schlachtfeldes ignorierte. Die Flanken wurden von den Römern weder stark gesichert noch scharf beobachtet. Das römische Management trug Scheuklappen und starrte mit ausgeprägtem Tunnelblick auf jenen Teil des Schlachtfeldes, der die römischen Stärken zur Geltung brachte. Der Rest des Schauplatzes wurde dem Gegner überlassen. Kein großer Feldherr hätte das ganze Schlachtfeld besetzt – aber jeder große Feldherr hätte das ganze Schlachtfeld *im Auge behalten*. So schufen die Römer durch ihren mangelnden Überblick und den engen Horizont ihrer Aktivitäten die entscheidende Achillesferse.

Der begrenzte Fokus der Römer

Diese Chance nutzte Hannibal für seinen Angriffsplan. Dabei ging er vorsichtig vor, um seine Absichten zu verschleiern und eine wirksame Reaktion der Römer zu verhindern. Mit mehreren *Neutralisierungsmanövern* stellte er sicher, dass der Gegner seinen Umfassungsversuch nicht unterband, sondern nach Kräften unterstützte:

- Zunächst nutzte Hannibal geschickt die falsche Erwartungshaltung seines Gegners. Kein Römer befürchtete, von einer kleineren Armee eingekesselt zu werden. Gerade die numerische Schwäche der Karthager verleitete Varro dazu, die Flanken nicht ausreichend zu sichern. Diese Fehleinschätzung der Römer verstärkte Hannibal durch seine defensive Aufstellung zu Schlachtbeginn. Die Karthager vermittelten mit ihren zurückgezogenen Flanken den Eindruck, auf eine Verteidigung eingerichtet zu sein. So nutzte Hannibal das Überlegenheitsgefühl der Römer, um eine falsche Fährte zu legen. Nichts deutete auf seine Absicht hin, die

Römer einzukesseln. Nichts verriet seine Pläne oder warnte den Gegner vor.

- Als die Römer wie erwartet agierten und im Zentrum stürmisch vorrückten, ließ Hannibal sie ins Leere laufen. Die Römer erlebten, dass ein Angriff an der falschen Stelle wirkungslos verpuffen kann. Hannibal hatte aus der römischen Aufstellung deren Angriffsschwerpunkt abgeleitet und seine Armee angewiesen, zurückzuweichen, um einen Durchbruch zu verhindern. Diese Anweisung gab der karthagischen Linie die Flexibilität eines Gummibandes, das nicht reißen konnte.[28]

- Während die Römer im Zentrum vorwärtsstürmten, ließ Hannibal seine Flanken nur langsam vorwärtsrücken. Auf keinen Fall wollte er den Gegner vorwarnen und einen Gegenangriff provozieren. Erst als seine Flanken bereits weit genug vorgedrungen waren, ließ er die Truppen in schnellem Tempo nach innen schwenken und schloss mit seiner Kavallerie den Kessel.

Diese umsichtige Neutralisierung des Gegners sicherte Hannibals Erfolg. Hätten die Römer seinen Plan frühzeitig durchschaut und Gegenmaßnahmen ergriffen, wäre das Umfassungsmanöver misslungen. So aber baute Hannibal seine Position an den Schlachtfeldrändern Schritt für Schritt aus, bis er stark genug war, um offensiv vorzugehen. Die Römer versuchten zu keinem Zeitpunkt, die Umfassung zu verhindern, sondern trugen durch ihr ungezügeltes Vorwärtsstürmen zum Gelingen des gegnerischen Planes bei.

Die besondere Bedeutung des Neutralisierungsmanövers

Wenn ein kleiner Herausforderer seinen Gegner umfassen will, hat das Neutralisierungsmanöver entscheidende Bedeutung. Keine andere Strategie lebt so stark davon, effektive Abwehrmaßnahmen des Gegners zu verhindern und ihn am eigenen Plan mitarbeiten zu lassen. Solange die Umfassung nicht abgeschlossen ist, bleibt der große Wettbewerber im Vorteil – während die eigenen Kräfte gefährlich weit auseinandergezogen sind. Erst wenn die Umzingelung den Scheitelpunkt überschritten hat, versiegt die Widerstandskraft im Zentrum. Darum ist es entscheidend, den Gegner so lange wie möglich im Dunkeln zu lassen.

Hannibal hat diesen Zusammenhang klar erkannt und entsprechend gehandelt. Die Römer hingegen ließen sich täuschen und stürmten mit ihrem Angriff auf Karthagos Zentrum in die Falle. Als Hannibal das Tempo an den Flanken anzog, war die Schlacht strategisch bereits entschieden. Die Römer hatten jeden Handlungsspielraum eingebüßt. Auf engstem Raum konnten sie keine Stoßkraft mehr entfalten. Dank Varros Mithilfe saßen sie im Kessel der Karthager fest.

Zusammenfassung

- Die **A**chillesferse entstand, weil Roms Truppen einem engen Fokus folgten. Die Römer konzentrierten sich auf die Schlachtfeldmitte und setzten ausschließlich auf die Kernkompetenz ihrer Legionen, während sie den Schlachtfeldrand weder hinreichend sicherten noch im Auge behielten. So lieferten sie den Karthagern den entscheidenden Ansatzpunkt, um an den Flanken unbehelligt vorzustoßen.

- Hannibal nutzte diese Achillesferse auf umsichtige Weise. Er bestätigte mit seiner defensiven Grundaufstellung die falsche Erwartungshaltung der Römer, wich vor ihrem Hauptstoß zurück und ließ seine Truppen mit viel Geduld an den Außenlinien vorrücken. Mit diesen **N**eutralisierungsmanövern stellte er sicher, dass die Römer seinen Umfassungsversuch nicht abwehrten, sondern nach Kräften unterstützten und in die karthagische Umfassungsbewegung liefen.

- Erst im letzten Augenblick deckte Hannibal seine Pläne auf und ließ seine Flügel nach innen schwenken, bis seine Reiter das **A**ngriffsmanöver abschlossen und den Kessel von Cannae verriegelten.

Die Anwendung: Techtronic Industries und die Auftragsfertigung

Fallstudie: Techtronic Industries (TTI)

Techtronic Industries (TTI) stieg mithilfe einer Umfassungsstrategie in die erste Liga der Elektrohersteller auf. Der Herausforderer kreiste über Jahre hinweg die Premiumanbieter seiner Branche ein und konnte schließlich aus einer starken Position den entscheidenden Vorstoß wagen.

TTI ist ein Unternehmen, das viele Endverbraucher gar nicht kennen – denn die Bohrmaschinen, Staubsauger und Stichsägen des Herausforderers aus Hongkong werden unter traditionsreichen Markennamen wie AEG oder Hoover vermarktet. Dabei gehört TTI neben Unternehmen wie Black & Decker zu den führenden Anbietern von Elektrowerkzeugen und Haushaltgeräten.[29] Als der ehemalige Volkswagen-Vertriebsexperte Horst Pudwill das Unternehmen gründete, trennten TTI noch Welten von einer solchen Wettbewerbsposition. Pudwill baute eine der ersten ausländischen Fabriken in China überhaupt und startete seine Geschäfte als Auftragshersteller für preisgünstige Produkte.

Neben niedrigen Fertigungskosten schien der Newcomer nicht viel bieten zu können. Vermutlich haben wenige Branchengrößen der Elektroindustrie erwartet, dass ausgerechnet dieses Unternehmen von der Außenlinie des Marktes zu einem Hauptkonkurrenten aufsteigen könnte. Viel zu stark schien die Position etablierter Wettbewerber im Kernsegment für hochwertige Qualitätsprodukte. Überlegene Technologien und große Marken sicherten die Branchenführer ab und machten ihre Stellung im Marktzentrum scheinbar unangreifbar. Die unattraktiveren Marktränder hingegen lagen außerhalb dieses Markenschirms und boten Entwicklungsräume für Herausforderer wie TTI.

Der einzige sichtbare Pluspunkt: niedrige Fertigungskosten

Diesen Fokus der Branche nutzte TTI für eine langfristige Umfassungsbewegung. Horst Pudwill hatte ein ambitioniertes Ziel vor Augen: den Aufstieg seines Unternehmens vom »Billigproduzenten« zum Qualitätsanbieter. TTI sollte in einer Liga mit den Weltmarken spielen. Dazu folgte TTI Hannibals Grundidee: Der Herausforderer attackierte die Marktführer zunächst nicht im Marktzentrum, sondern eroberte stattdessen die Flanken des Marktes. Während viele Markenanbieter ihre Kernzielgruppen im Blick behielten, besetzte TTI schrittweise den preissensiblen Massenmarkt. Dank chinesischer Kostenstrukturen konnte TTI dieses Segment effizient bedienen.

Dabei arbeitete TTI häufig mit etablierten Marktteilnehmern zusammen. Zu diesem Zeitpunkt fertigte der Herausforderer einen Großteil seiner Produkte im Auftrag anderer Anbieter. Zunehmend produzierte TTI auch anspruchsvollere Geräte als Handelsware für Baumärkte in den USA und Europa. **Vorstoß an den Markträndern** So baute TTI seine Marktposition allmählich aus und erschloss sich wertvolle Vertriebskanäle. Parallel dazu erweiterte das Unternehmen schrittweise seine Technologiebasis. Durch die Lizenz für den japanischen Hersteller RYOBI gelang TTI ein Know-how-Sprung bei kabellosen Elektrogeräten. Im Windschatten der Wettbewerber entwickelte TTI durch weitere Unternehmenskäufe das Technologieportfolio in ausgewählten Bereichen, etwa bei aufladbaren Batterien.[30]

Dank dieser neuen Kompetenzen konnte TTI seine Stellung weiter stärken. Produkte auf Basis der RYOBI-Lizenz wurden zu Millionen-Bestsellern. Kabellose Heimwerkersets brachten den Durchbruch in den USA. Langfristige Lieferbeziehungen im nordamerikanischen Markt wurden geknüpft. Während die finale Konfrontation mit den großen Konkurrenten ausblieb, nutzte TTI die Freiräume außerhalb des eng definierten Branchenkerns, um weitere Segmente zu besetzen. So konnte der Herausforderer entlang der Wertigkeitsklassen und Wertschöpfungsstufen Stück für Stück vorrücken, seine Position auf den Außenbahnen des Marktes festigen und die Konkurrenten im hochpreisigen Marktzentrum umfassen.

Trotz dieser Entwicklung schien der Aufsteiger aus Hongkong kein ernsthafter Konkurrent für die Branchenspitze zu sein. Die Qualitätsanbieter besaßen weiterhin einen zentralen Wettbewerbsvorteil: starke Marken, denen die Konsumenten vertrauten. Diese Marken waren unerlässlich, um das profitable Geschäft im Marktzentrum zu betreiben, und schienen die Spitzenanbieter effektiv von einem Kostenführer wie TTI abzuschirmen.

Diese Prämisse erwies sich als unzutreffend. Den Schlussstein seiner Umfassungsbewegung setzte TTI durch eine Transaktion mit dem Finanzinvestor Atlas Copco: Horst Pudwill übernahm die weltbekannte, aber ins Abseits geratene Traditionsmarke AEG Elektrowerkzeuge. Wenig später kaufte TTI die kriselnde US-Staubsaugerikone Hoover.[31] Nun konnte Pudwill die geduldig am Marktrand aufgebauten Wettbewerbsvorteile nutzen, um den Mythos seiner frisch erworbenen Marken wiederzubeleben und den Vorstoß auf das Premiumsegment zu wagen.

Plötzlich war der Außenseiter vom Marktrand ein ebenbürtiger Mitbewerber, der nicht nur über eine vergleichbare »Markenpower« verfügte, sondern aus einer starken Kostenposition heraus agierte. Die Kombination aus westlichem Markenglanz und chinesischer Kosteneffizienz entpuppte sich als durchschlagendes Wettbewerbsrezept. Innerhalb weniger Jahre produzierte TTI nur noch 20 Prozent seiner Produkte für fremde Marken. Den Schwerpunkt bildeten Qualitätsprodukte unter eigenen Marken für den Weltmarkt.

Zusammenfassung

Horst Pudwill war wie Hannibal mit Konkurrenten konfrontiert, die im Zentrum stark aufgestellt waren, aber die Entwicklungen an ihren Flanken zu wenig beachteten. TTI nutzte diese **Achillesferse**, um die Markträndern zu besetzen und die Kernsegmente der Branche zu umfassen. Nach diesem **Neutralisierungsmanöver** schwenkte der Herausforderer »nach innen« und startete mit dem Kauf von Weltmarken sein **Angriffsmanöver** auf das eingeschnürte Marktzentrum.

Die Achillesferse: Konzentration auf Kernkompetenzen

In vielen Industrien definieren die Branchenführer ihr Kerngeschäft zu eng und betrachten den Markt aus einer begrenzten Perspektive. Sie schaffen auf diese Weise tote Winkel, die vor allem Herausforderer aus Schwellenländern wie China, Indien oder Brasilien für ihre erfolgreichen Wachstumsinitiativen nutzen können.

Die Achillesferse beruht in diesen Fällen auf einem Schlüsselkonzept der Unternehmensführung: auf der Konzentration auf Kernkompetenzen. Dieses Konzept hat zahlreiche Firmen geprägt und folgt der Grundidee, die Unternehmensaktivitäten auf jene Segmente und Kernprozesse zu reduzieren, die das Unternehmen wirklich auszeichnen. Alle anderen Tätigkeiten werden aufgegeben oder auf dem Weg des Outsourcings ausgelagert. Ziel dieses Ansatzes ist es, die Wettbewerbsposition zu stärken und den Kapitalbedarf des Unternehmens zu minimieren. Gerade Branchenführer, die aufgrund ihres hohen Marktanteils nicht mehr wachsen können, nutzen diese Strategie gerne, um den Unternehmenswert zu steigern. Sie verengen den Marktfokus, verkürzen die Wertschöpfungskette und konzentrieren ihre Finanzmittel auf die Aktivitäten mit der höchsten Rendite.

Dieser finanzwirtschaftlich plausible Gedanke entpuppt sich aber häufig als strategisch falsch, weil er Ansatzpunkte für Herausforderer schafft. Die Achillesferse entsteht, wenn Branchenführer ihre Konzentration auf Kernkompetenzen übertreiben, den Fokus ihrer Aktivitäten zu eng wählen und Herausforderern an den Branchenrändern genügend Raum geben, um in Ruhe eine starke Wettbewerbsposition aufzubauen.

Die typische Achillesferse der Premiumanbieter

Gerade Premiumanbieter folgen oftmals einem charakteristischen Muster der Fokusverengung. Freiräume für Herausforderer entstehen dann entlang von vier Flanken (vgl. Abb. 8 auf S. 50).

Abb. 8: Der Fokus von Premiumanbietern

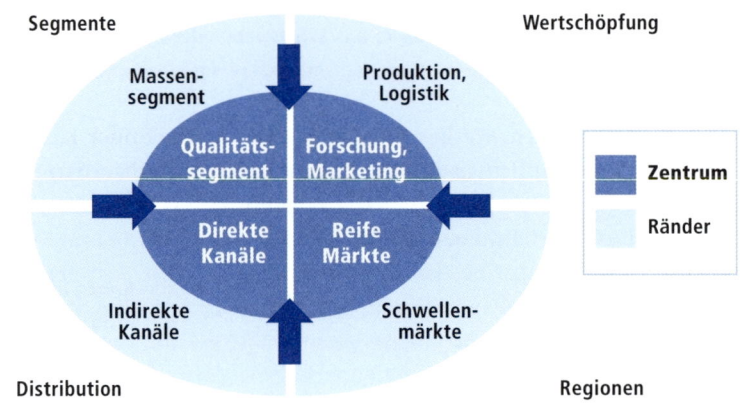

Die Markenartikler konzentrieren sich häufig auf hochpreisige Qualitätssegmente im Marktzentrum und ziehen sich aus den weniger profitablen Massensegmenten an der Flanke zurück. Gleichzeitig beschränken sie sich in der Wertschöpfungskette auf Schlüsseltätigkeiten wie Forschung oder Marketing und gliedern wertschöpfungsschwächere Aktivitäten wie die Produktion an Partner aus.

Beispiel:

So entwickelte sich Puma vom Sportartikelproduzenten zu einem Lifestyleunternehmen, das neue Designs kreierte und Trends vermarktete. Die eigentliche Fertigung fand zunehmend bei Partnern in Asien statt.[32] Ähnlich verfährt auch Apple. Der Technologieführer lässt manche Produkte bei Partnern wie Foxconn, einem führenden Auftragsfertiger für elektronische Produkte, herstellen, arbeitet aber selbst an Entwicklung, Design und Marketing.[33]

Noch enger fällt der Fokus aus, wenn Markenanbieter ausschließlich auf direkte Distributionskanäle setzen, um das Markenerlebnis besser inszenieren zu können. Auch Schwellenländer fallen häufig aus dem Blickfeld dieser Unternehmen, weil die Kaufkraft der dortigen Konsumenten geringer ist. Diesem Schema folgend, ziehen sich viele Premiumanbieter in das Zentrum des Marktes zurück und schaffen an den Rändern zahlreiche Freiräume, die Herausforderer für eine Umfassung nutzen können.

An dieser Achillesferse setzt eine ganze Klasse aufstrebender Konzerne aus Asien an. Die Herausforderer folgen dabei Hannibals Strategie bei Cannae: Sie greifen die westlichen Premiumanbieter nicht frontal an, sondern besetzen geduldig jene Marktsegmente, die nicht im Fokus der Marktführer liegen. Zu Beginn etablieren sich die Angreifer als Produzenten für einfache Einstiegsprodukte, dann bauen sie ihr Leistungsspektrum Schritt für Schritt aus. Das Ziel der Herausforderer ist es zunächst, die Kostenvorteile ihrer günstigen Produktionsstandorte durch Skaleneffekte weiter zu steigern und ihre Technologiebasis zu erweitern. Sukzessive arbeiten sich die Angreifer anschließend entlang der Wertklassen und Wertschöpfungsschritte der Industrie weiter vor.

Der Ansatz asiatischer Herausforderer

Sobald die Produktionskompetenz für Qualitätsprodukte etabliert ist und konkurrenzlose Kostenstrukturen aufgebaut wurden, schließen die Herausforderer ihre letzten Know-how-Lücken durch die Akquisition etablierter, aber wirtschaftlich notleidender Traditionsunternehmen. Schlagartig befinden sich die Angreifer dann auf Augenhöhe mit den Markenanbietern und können ihre im Massenmarkt entwickelten Kostenvorteile auch im Premiumsegment ausspielen. Der Branchenspitze hingegen fehlt die Kostenbasis für einen kraftvollen Gegenschlag.

Ob ein Branchenführer einem engen Fokus folgt, können Herausforderer an folgenden Indikatoren ablesen: Hat der Branchenführer bestimmte Segmente nicht besetzt? Hat er in einzelnen Marktbereichen widerstandslos Marktanteilsverluste akzeptiert? Gibt es Geschäftsbereiche, in die der Branchenführer nicht mehr investiert? Hat er in größerem Ausmaß Aktivitäten an Outsourcing-Partner ausgelagert? Ist er in Distributionskanälen, die das Zielsegment durchaus ansprechen würden, nicht vertreten? Betont er die Konzentration auf Kernkompetenzen in seiner öffentlichen Kommunikation? Je mehr dieser Fragen positiv zu beantworten sind, desto größer sind die Erfolgsaussichten für ein Umfassungsmanöver.

Das Neutralisierungsmanöver: Marktaufteilung

Manche Branchenführer überschätzen die Kraft ihrer Kernkompetenzen. Durch Outsourcing erleichtern sie es ihren Herausforderern, Umfassungsbewegungen einzuleiten. Dabei übersehen die Branchenführer, dass ihre Kompetenzen häufig günstig zu erwerben sind und keine dauerhaften Wettbewerbsbarrieren darstellen.

Hannibal konnte die Römer in der Schlacht von Cannae nur deshalb einschnüren, weil ihn die römische Heeresführung ungewollt dabei unterstützte. Bis zum Schluss hielten die Römer den Gegner nicht auf, sondern stürmten mit verengtem Tunnelblick direkt in die Umfassung. Diese ungewollte Kooperationsbereitschaft legen auch viele Branchenführer an den Tag. Sie gewähren Herausforderern nicht nur die notwendigen Freiräume, um das Kerngeschäft zu umfassen – sondern arbeiten durch Outsourcing aktiv daran mit, den zukünftigen Mitbewerber aufzubauen.

Outsourcing der Branchenführer erleichtert die Umfassungsbewegung

Häufig übernehmen Herausforderer in dieser Phase als Kooperationspartner jene Produktionsstufen, die den Branchenführern nicht profitabel genug erscheinen. So wie Konsul Varro durch einen kraftvollen Vorstoß direkt in Hannibals Umfassungsmanöver hineinlief, tragen Branchenführer durch die Ausgliederung ganzer Wertschöpfungsstufen selbst zu ihrer Einschnürung bei. Für einen Herausforderer ist diese Art der Zusammenarbeit mit der Branchenspitze besonders wertvoll, weil er seine Kostenvorteile in der Produktion ausbauen kann und gleichzeitig die Technologien der führenden Anbieter kennenlernt.

Die Grundlage dieser Kooperationsbereitschaft ist eine Fehleinschätzung der Wettbewerbssituation. Viele Branchenführer vertrauen darauf, dass überlegene Technologien und etablierte Marken ihre Wettbewerbsposition im Marktzentrum wirksam schützen. Sie sind davon überzeugt, dass ihre Kernkompetenzen schwer zu kopieren sind und hohe Markteintrittsbarrieren für Angreifer schaffen. Gleichzeitig glauben sie, dass die Stärken ihrer Herausforderer – beispielsweise effiziente Produktionsstrukturen – in ihrem Kerngeschäft eine untergeordnete Rolle spielen. Darum lassen sie es zu, dass Wettbewerber den Marktrand besetzen, solange diese nicht als Premiumanbieter positioniert sind und keine vergleichbaren Kernkompetenzen vorweisen können. Diese Einstellung ist nicht nur im klassischen Konsumgüterbereich anzutreffen, sondern auch in der Schwerindustrie.

Beispiel:

Guy Dollé, bis 2006 Chef des damals führenden europäischen Stahlkonzerns Arcelor, formulierte seine Sicht auf den indischen Herausforderer Mittal wie folgt: »Wir sind Parfüm – Mittal Eau de Cologne!« Im weiteren Verlauf wurde Arcelor von der Mittal Steel Company übernommen.[34]

Haben Herausforderer jedoch eine starke Wettbewerbsposition an den Flanken des Marktes aufgebaut, entpuppt sich die vermeintlich hohe Barriere zum Kerngeschäft der Branchenspitze häufig als leicht zu überspringender Gartenzaun – weil die Kernkompetenzen der Branchenführer nicht mühsam aufgebaut werden müssen, sondern in Wirklichkeit günstig einzukaufen sind.

Branchenübergreifend gibt es zahlreiche Unternehmen, die eines gemeinsam haben: glänzende Fähigkeiten und schlecht laufende Geschäfte. Viele europäische Traditionsunternehmen besitzen etablierte Marken und ausgereifte Technologien, verfügen aber weder über die kritische Größe noch über die notwendige Produktionsbasis, um wirtschaftlich arbeiten zu können. Allein in der deutschen Elektroindustrie haben viele Marken wie AEG, Telefunken oder Grundig im Bewusstsein der Konsumenten überlebt, während die operativen Betriebe dahinter sich teilweise auflösten. Solche Unternehmen sind günstig zu erwerben und werden durch die komplementären Fähigkeiten der Herausforderer wiederbelebt.

Technologien und Marken des gekauften Traditionsunternehmens auf der einen Seite und im Massenmarkt etablierte Stärken des Käufers auf der anderen Seite: Diese Kombination zündet die letzte Stufe des Umfassungsmanövers. Auf einmal sind die Branchenführer mit einem Angreifer konfrontiert, der über starke Marken und ausgereifte Technologien verfügt – aber gleichzeitig jene Kostenvorteile in der Produktion nutzen kann, die er an den Flanken aufgebaut hat. Auf einen Schlag ist der ehemalige Underdog vom Marktrand in der stärkeren Position und kann sich im direkten Wettbewerb mit der Branchenspitze durchsetzen.

Beispiele:

Zahlreiche Massenhersteller haben sich durch den Kauf von Traditionsmarken neue Perspektiven geschaffen. TTI ist diesem Muster mit dem Kauf von AEG und Hoover gefolgt. Die Übernahme des etablierten, aber trudelnden Traditionsunternehmens Jaguar durch den indischen Automobilkonzern Tata zeigt die gleiche Logik. Ein drittes Beispiel liefert der chinesische Automobilhersteller Geely mit dem Kauf der perspektivlosen Markenikone Volvo.[35]

Getrieben von der Logik der Umfassungsstrategie, ist der Anteil der Firmenübernahmen durch Herausforderer aus Schwellenländern gestiegen; er erreichte zwischenzeitlich über ein Viertel des weltweiten Akquisitionsvolumens. Der Charakter dieser Akquisitionen unterscheidet sich deutlich von klassischen Firmenkäufen westlicher Unternehmen. Die asiatischen Käufer sind nicht etwa auf der Suche nach Kostensynergien und Effizienzvorteilen – diese haben sie in der Regel bereits etabliert. Die Käufer wollen vielmehr letzte Know-how-Lücken schließen, bevor sie zum direkten Wettbewerb im Hauptsegment der Premiumanbieter übergehen. Hinter dieser Entwicklung stehen Herausforderer, die ihre Position am Rand des Marktes bereits aufgebaut haben und nun den Schritt ins Kerngeschäft etablierter Branchenführer vollziehen.[36]

Das Angriffsmanöver: Die Umfassungsstrategie

Wenn Branchenführer einem engen Fokus folgen, dann beschränken sie sich meist auf das profitable Marktzentrum und ziehen sich aus den anderen Bereichen der Industrie zurück. So schaffen sie Freiräume, die Herausforderer mit einer Umfassungsstrategie nutzen können. Die Grundidee besteht darin, zunächst die unbeachteten Randsegmente des Marktes zu besetzen, um eine starke Kostenposition aufzubauen und schrittweise die Technologiebasis zu erweitern. Danach steigt der Herausforderer aus seiner Deckung auf und führt den direkten Vorstoß in das eingeschnürte Kernsegment des Marktes durch.

Die drei Schritte des Angriffsmanövers

Ein solches Umfassungsmanöver sollte in drei Schritten ablaufen: Zunächst werden die offenen Flanken des Marktes identifiziert; danach wird eine Umfassungsroute entlang dieser Flanken festgelegt und beschritten; schließlich wird der Umfassungsring um das Kernsegment der Branchenspitze anorganisch geschlossen. Diese drei Schritte sehen im Einzelnen wie folgt aus:

Schritt 1: Offene Flanken identifizieren

Zunächst gilt es die freien Segmente an den Markträndern zu identifizieren, um diese Freiräume anschließend zum Umfassen des Marktzentrums zu nutzen. Prüfen Sie hierzu, aus welchen Bereichen sich die Branchenführer zurückgezogen haben oder welche sie gar nicht erst aktiv angehen. Stellen Sie fest, welche typischen Aktivitäten Ihrer Industrie die Branchenspitze nicht selbst ausführt, sondern an Dritte auslagert. Alle unbesetzten Segmente können als Trittsteine einer Umfassungsstrategie dienen. Für diese Analyse sollten Sie vor allem vier Flanken des Marktes betrachten:

Freiräume an den Markträndern bestimmen

- ■ **Kundensegmente:** Häufig konzentrieren sich Branchenführer auf die werthaltigen Kundensegmente am oberen Ende der Preisskala, weil hier die höchsten Margen erzielt werden können. Technologische Vorsprünge und angesehene Marken spielen in diesen Segmenten eine zentrale Rolle. Einstiegs- und Mittelklassesegmente werden hingegen den Wettbewerbern überlassen, weil die Kundenprofitabilität geringer ist und die Branchenführer eine Überdehnung ihrer Marken befürchten. Prüfen Sie, welche Segmente die Branchenspitze aus diesen Gründen nicht besetzt.

■ **Wertschöpfungsstufen:** Um den Kapitaleinsatz zu optimieren, verkürzen viele Unternehmen ihre Wertschöpfungsketten auf wenige Kernkompetenzen. Alle anderen Wertschöpfungsschritte werden dann an Partner abgegeben. Prüfen Sie, welche Vorprodukte und Dienstleistungen die Branchenführer nicht selbst erbringen, sondern an Dritte auslagern.

■ **Distributionskanäle:** Viele Markenanbieter präsentieren ihre Produkte ausschließlich im exklusiven Umfeld ihrer eigenen Shops und überlassen breit aufgestellte Handelsketten den Wettbewerbern. Stellen Sie fest, welche Distributionskanäle mit Zugang zu relevanten Kundengruppen die Branchenführer aus diesen Gründen nicht benutzen.

■ **Regionen:** Häufig können sich Angreifer aus Asien zunächst an den geografischen Rändern des Weltmarktes etablieren. Westliche Branchenführer gehen diese Märkte oft zögerlich an, weil die Kaufkraft der dortigen Konsumenten im Vergleich zu den reifen Märkten des Westens gering ist. Prüfen Sie, welche regionalen Märkte die Branchenführer aus ihrem strategischen Fokus ausschließen.

Schritt 2: Das Kernsegment umfassen

Sobald die offenen Flanken des Marktes identifiziert sind, geht es im nächsten Schritt darum, das Kerngeschäft der Branchenführer entlang dieser Flanken zu umfassen und eine möglichst starke Position für den finalen Vorstoß aufzubauen. Ziel ist es, die Massenmarktsegmente zu besetzen, um Skaleneffekte zu maximieren, technische Fähigkeiten auszubauen und das Premiumsegment der Branche schrittweise einzuschnüren. Dazu sollten Sie zunächst die Reihenfolge festlegen, in der Sie die einzelnen Marktsegmente an den Flanken der Branchenführer besetzen wollen.

Wenden Sie für die Definition dieser Umfassungsroute die *3-F-Regel* an (vgl. Abb. 9). Folgen Sie Schritt für Schritt dieser *Umfassungsroute* entlang der Flanken des Branchenführers. Schaffen Sie sich zunächst eine solide Grundlage, indem Sie jene Einstiegssegmente des Marktes besetzen, die Branchenführer aus Profitabilitätsgründen ignorieren. Bauen Sie anschließend Ihr Produktionsvolumen weiter aus, und stärken Sie Ihre Kostenvorteile, indem Sie weitere Massenmarktsegmente besetzen.

Abb. 9: Die 3-F-Regel

Das jeweils nächste zu besetzende Segment sollte folgende Kriterien erfüllen:

1. Frei	Das Segment sollte nicht im Fokus eines stärkeren Wettbewerbers stehen.
2. Fähigkeiten	Das Segment sollte es Ihnen ermöglichen, neue Kompetenzen aufzubauen.
3. Folgeschritt	Das Segment sollte Ihnen Anknüpfungspunkte für Folgeschritte entlang der Marktränder schaffen.

Rücken Sie Stück für Stück die Wertigkeitsskala vor, und achten Sie bei der Expansion entlang der Marktränder darauf, Ihre zentralen Wettbewerbsvorteile gegenüber den Branchenführern zu stärken und nicht zu schwächen. Jeder Schritt sollte Ihre Know-how-Lücken weiter schließen und Ihnen Anknüpfungspunkte für den Folgeschritt verschaffen. Prüfen Sie auf jeder Stufe die Möglichkeit der Zusammenarbeit mit etablierten Partnern.

Falls Ihr Unternehmen über eine ausgeprägte Fertigungskompetenz verfügt, bietet sich beispielsweise folgende Umfassungsroute an (vgl. Abb. 10):

1. **Auftragsfertigung:** Nutzen Sie zunächst Ihre Fertigungskompetenz, um für andere Anbieter tätig zu werden. Ziel ist es, durch die Auftragsfertigung mit neuen Technologien vertraut zu werden und gleichzeitig Skaleneffekte zu maximieren. Konzentrieren Sie sich in dieser Phase darauf, alle Effizienzhebel zu ziehen, um in der Fertigung Kostenvorteile gegenüber den Branchenführern zu erzielen.
2. **Einstiegssegment:** Sobald Sie mit den neuen Produkten und Technologien vertraut sind, können Sie Ihre Kostenvorteile nutzen, um die günstigen Einstiegssegmente des Marktes mit eigenen Angeboten zu besetzen.
3. **Handelsware:** Im nächsten Schritt können Sie über Handelsmarken in weitere Segmente vorstoßen. Nutzen Sie den Bedarf großer Handelsketten nach technologisch ausgereiften Produkten, die keinen Markenaufschlag erfordern. Schließen Sie mögliche Technologielücken ähnlich wie TTI über Lizenzen.
4. **Schwellenmärkte:** Alternativ dazu können Sie zur umfassenden Marktbearbeitung regionaler Märkte übergehen, die sich nicht im Blickfeld des Branchenführers befinden.

Abb. 10: Exemplarische Umfassungsroute

Alle vier Stufen dieses exemplarischen Umfassungsmanövers liegen außerhalb des Fokus eines typischen Premiumanbieters. Dennoch etabliert das Manöver sowohl Kostenvorteile als auch technische Fähigkeiten und Distributionskanäle für den späteren Vorstoß in das Kernsegment der Branchenführer. TTI ist bei seiner erfolgreichen Offensive im Elektromarkt in Teilen einer ähnlichen Umfassungsroute gefolgt.

Zunächst die Marktaufteilung respektieren

Um das Umfassungsmanöver unbedrängt beenden zu können, ist es in dieser Phase entscheidend, die Branchenführer wirksam zu neutralisieren. Respektieren Sie darum die unausgesprochene Marktaufteilung. Bleiben Sie zunächst außerhalb des gegnerischen Kerngeschäfts, um eine frühzeitige Gegeninitiative zu verhindern. Achten Sie vor allem darauf, das Endziel Ihrer Umfassungsstrategie nicht preiszugeben. Dass man als Herausforderer seine Chancen verringert, wenn man den Grundsatz der Neutralisierung missachtet, zeigt das Fallbeispiel des Softwareunternehmens Netscape, das einen Vorstoß in das Revier des Branchenführers Microsoft unternahm.

Beispiel:

Nachdem Netscape sich in den 1990er-Jahren im Randsegment der Internetbrowser etablieren konnte und dort einen hohen Marktanteil errungen hatte, reizte das Unternehmen frühzeitig den Branchenführer der Softwareindustrie: Microsoft. Der Herausforderer machte kein Geheimnis aus seiner Überzeugung, dass der konsequente Einsatz der Internettechnologie Betriebssysteme wie Windows überflüssig machen könnte und damit das Kerngeschäft von Microsoft vom Marktrand aus bedrohte.

Mit dieser Sichtweise nahm Netscape im Grunde das spätere Konzept des Cloud-Computing vorweg. Die offensive Kommunikation dieser Überlegungen durch Netscape trug dazu bei, dass Microsoft dem Marktsegment für Internetbrowser eine Toppriorität beimaß. Im anschließenden Wettkampf zwischen Herausforderer und Branchenführer um das Browsersegment konnte Microsoft seine Stärken ausspielen und sich letztlich durchsetzen. Im Gegensatz zu Hannibal besaß der Internetpionier

→

Netscape nicht die Geduld, um mit der Offensive zu warten, bis die ersten Phasen der Umfassungsstrategie abgeschlossen waren.[37]

Schritt 3: Den Kessel schließen

Sobald Sie die offenen Flanken des Marktes systematisch besetzt haben, kann der letzte Schritt ins Kernsegment der großen Wettbewerber erfolgen. Die Logik dieses finalen Vorstoßes besteht darin, Ihre am Marktrand aufgebauten Kompetenzen und Kostenstrukturen mit den Marken und Technologien eines wirtschaftlich angeschlagenen Premiumanbieters zu kombinieren. Prüfen Sie, welche Unternehmen dafür infrage kommen, sich zum Kauf anbieten oder bereit sind, Lizenzen zu vergeben. Nutzen Sie die Tatsache, dass etablierte Marken oder ausgereifte Technologien in vielen Industrien keine Mangelware sind, sodass eng aufgestellte Branchenführer hier keineswegs vor Herausforderern geschützt sind.

Zusammenfassung der Strategie

Strategie Nr. 1: Das Kerngeschäft umfassen

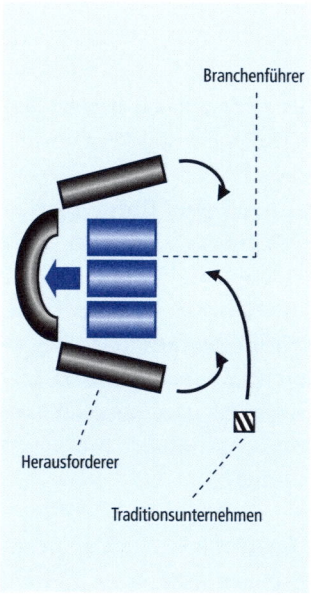

Branchenführer

Herausforderer

Traditionsunternehmen

Die Achillesferse entsteht, wenn Branchen-führer das Kerngeschäft zu eng definieren und an den Markträndern Freiräume für eine Umfassung schaffen.

Der Herausforderer vermeidet die direkte Konfrontation mit den Branchenführern und beschreitet eine Umfassungsroute entlang der freien Marktränder. Ziel dieses Neutrali-sierungsmanövers ist es, in Ruhe eine starke Kostenposition aufzubauen und die eigene Technologiebasis zu erweitern.

Danach schließt der Herausforderer seine letzten Know-how-Lücken mithilfe etablierter, aber unwirtschaftlicher Traditionsanbieter und führt ein direktes Angriffsmanöver auf das eingeschlossene Kernsegment der Branche durch.

Strategie Nr. 2:
Die Überdehnung der Konkurrenten nutzen

Die Vorlage: Alexander der Große und die Schlacht von Gaugamela

Auf diesen Augenblick hatte Alexander der Große gewartet. Am 1. Oktober 331 v. Chr. betrat er mit seinen Soldaten die Ebene von Gaugamela, um eine Entscheidungsschlacht zu schlagen. Der junge makedonische König forderte das Riesenheer Persiens heraus, um einen jahrhundertealten Konflikt endgültig zu beenden.

Alexander hatte sich Gewaltiges vorgenommen: Er wollte das persische Großreich erobern. Dieses Vorhaben erschien äußerst vermessen. Makedonien war ein kleines Land, das den Norden Griechenlands umfasste. Persien dagegen war die Supermacht der damaligen Zeit. Das persische Staatsgebiet reichte von Ägypten bis nach Indien und vom Schwarzen Meer bis zu den Gipfeln des Himalaja in Afghanistan. Die Makedonier lebten bereits seit zwei Jahrhunderten im Schatten dieses persischen Kolosses. Stets fürchteten sie, von den Persern überrollt zu werden.

Nun wollte Alexander die Verhältnisse umkehren. Darum hatte er seine Armee tief nach Asien hineingeführt. Die Perser nahmen den Herausforderer zunächst nicht ernst. Nach ersten Anfangserfolgen der Makedonier mobilisierten sie jedoch einen Teil ihrer Kräfte, um die Eindringlinge bei Issos im Libanon zu stoppen. Zum Schrecken der Perser konnte Alexander die-

Alexander fordert die antike Supermacht heraus

se Schlacht durch ein glänzendes Flankenmanöver für sich entscheiden.[38]

Die Niederlage bei Issos veränderte die Einstellung der Perser grundlegend. Jetzt war Persiens mächtiger Großkönig Dareios III. wachgerüttelt und entschlossen, dem makedonischen Spuk ein Ende zu bereiten.[39] Er plante, Alexander in der Ebene von Gaugamela abzufangen und dessen Armee in einer finalen Entscheidungsschlacht zu besiegen. Zu diesem Zweck zog Dareios ein Riesenheer aus allen Teilen des persischen Großreiches zusammen. Die Ebene von Gaugamela wurde von den Persern für die Auseinandersetzung gründlichst vorbereitet.

Alexanders Soldaten erreichten Gaugamela bei Nacht. In der Dunkelheit konnten sie die Ausmaße des gegnerischen Heeres nur erahnen. Als der Morgen anbrach, muss der Anblick überwältigend gewesen sein. Den 50 000 Makedoniern stand eine Armee von über einer Viertelmillion Persern gegenüber. Die Menschenmassen des Gegners reichten bis zum Horizont. Lanzenträger aus Mesopotamien und Babylonien reihten sich auf einer Länge von drei Kilometern aneinander. Berittene Bogenschützen aus den Steppen Asiens waren genauso vertreten wie Inder aus dem Punjap mit ihren Kriegselefanten. Gekrönt wurde dieses kosmopolitische Riesenheer durch die Leibgarde des persischen Großkönigs, die »Unsterblichen«. Im Zentrum der Schlachtreihe thronte auf einem goldenen Streitwagen Persiens Großkönig Dareios III. persönlich.

Der Plan des Dareios

Dareios hatte die persische Niederlage bei Issos gründlich analysiert und daraus seine Schlüsse gezogen. Er war überzeugt davon, dass sein Heer bei Issos an den Rändern des Schlachtfeldes versagt hatte. Die Perser hatten die Außenbahnen nicht ausreichend gesichert und zugelassen, dass Alexander die persische Schlachtreihe umrundete und ihr in den Rücken fiel. Diese Chance sollte Alexander kein zweites Mal bekommen. Dareios war nun entschlossen, seine Übermacht zu nutzen, um das Schlachtfeld bis an die äußersten Ränder zu kontrollieren. Gerade auf den Außenbahnen wollte er sich dieses Mal nicht überrumpeln lassen, sondern selbst den Ton angeben. Sein Heer sollte sich an den Flügeln weiter ausstrecken als der Gegner, die makedonische Aufstellung von beiden Seiten umfassen – und sie zerdrücken (vgl. Abb. 11).

Abb. 11: Ausgangssituation

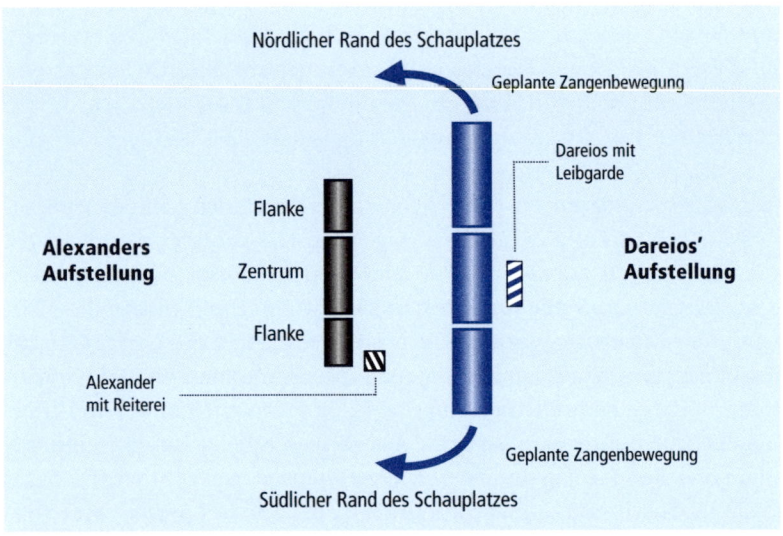

Um diesen Plan zu realisieren, hatte Dareios seine Soldaten in einer langen Linie angeordnet, die durch Reserven tief gestaffelt war. Das Zentrum dieses gigantischen Riegels hatte die Anweisung, die Makedonier frontal zu stellen, während sich die Flanken wie zwei große Arme um den Gegner legen sollten, bis es für die Makedonier kein Entkommen mehr gab. Mit dieser Zangenbewegung wollte Dareios gleichzeitig verhindern, dass Alexander sein Erfolgsmanöver von Issos wiederholen konnte und die Perser seitlich umging. Im Wettrennen an den Rändern würden dieses Mal die persischen Soldaten weiter ausgreifen als der Gegner und dessen Ambitionen ein Ende setzen.

Die Achillesferse

Als Alexander am Morgen das Schlachtfeld betrachtete, konnte er die Grundidee des gegnerischen Planes gut erkennen. Die Perser hatten sich in einer sehr langen Schlachtreihe aufgestellt und die gesamte Ebene von Hindernissen befreit. Offensichtlich wollten sie die Makedonier auf den Außenbahnen überflügeln und Alexanders Heer in einer unfreundlichen Umarmung erdrücken. Sollten die Perser dieses Umfassungsmanöver ungehindert durchführen können, wären die Makedonier tatsächlich verloren. Das makedonische Heer war in jedem Fall zu klein, um sich einer solchen Zangenbewegung entgegenzustellen. Alexander hatte nicht genug Soldaten für einen Expansionswettlauf an beiden Schlachtfeldrändern. Er konnte sich nicht noch weiter ausstrecken als der Gegner, um die Perser seitlich zu überflügeln und so eine Umfassung zu verhindern.

Darum plante Alexander, die Zangenbewegung der Perser nicht zu blockieren, sondern sogar zu fördern und den Drang des Gegners auf die Außenbahnen an einer anderen Stelle zu nutzen. Denn so beeindruckend das persische Heer auch wirkte – es hatte durchaus seine Schwachstellen. So war etwa Dareios' bunt gescheckte Aufstellung schwer zu koordinieren. Zudem erkannte Alexander im gegnerischen Plan eine klassische Achillesferse, die schon viele Großmächte zu Fall gebracht hatte. Der Wunsch des persischen Königs, das Schlachtfeld bis an die äußersten Ränder zu beherrschen, lieferte Alexander den entscheidenden Ansatzpunkt. Er musste die natürliche Bewegung des Gegners nur verstärken und auf den entscheidenden Moment warten, um zuzuschlagen.

Alexander erkennt eine klassische Schwachstelle

Diesem Gedankengang folgte Alexander, als er seine Truppen aufstellte. Den Kern seiner Schlachtreihe bildete die makedonische Phalanx – sechzehn Reihen an Kriegern mit fünf Meter langen Speeren, die weit über die Front der ersten Schilder hinausragten und dem Gegner einen Wald von Speerspitzen entgegenstreckten. Den linken Flügel der Phalanx zog Alexander deutlich nach hinten, zur sogenannten »schrägen Schlachtordnung« (vgl. Abb. 12). Damit verlängerte er den Weg, den die Perser zurücklegen mussten, um die Makedonier zu umfassen. Auf der anderen Seite des Schlachtfeldes, vor dem rechten Flügel, konzentrierte Alexander seine Reiterei. Die Reiter wollte er beim entscheidenden Angriff auf die Achillesferse der Perser selbst anführen.

Abb. 12: Die schräge Schlachtordnung

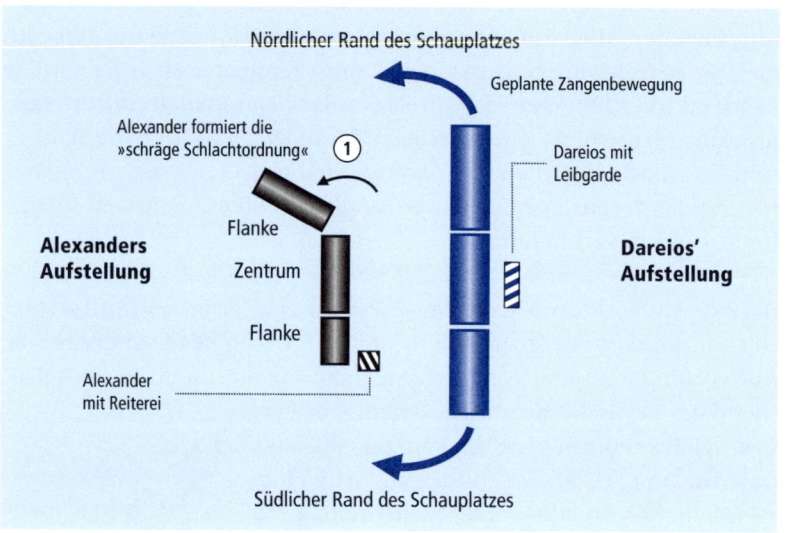

Alexander war klar, dass sein Plan nur funktionieren konnte, wenn alle Makedonier großen Mut bewiesen und im Angesicht der gegnerischen Menschenmassen entschlossen ihre Aufgabe erfüllten. Darum ritt er die Schlachtreihe noch einmal ab und sprach mit seinen Soldaten. Er zeigte ihnen seine Ruhe und seine Zuversicht. Er zeigte ihnen, dass ihr Schicksal auch sein Schicksal sein würde. Und er beschrieb ihnen noch einmal, wofür sie ihre Heimat verlassen hatten, wofür sie nun ihr Leben einsetzen sollten, wofür sie alle an diesem Tag kämpften. Ein letztes Mal galoppierte er auf seinem berühmten Schimmel Bukephalos die Schlachtreihe entlang und rief den makedonischen Schlachtruf – und aus 50 000 makedonischen Kehlen schallte der Schlachtruf zurück über die Ebene. Dann nahm Alexander seine Position an der Spitze der

Reiter ein. Die persischen Menschenmassen hatten bereits begonnen, sich in Bewegung zu setzen. Sie rollten auf die Makedonier zu. Es war so weit. Es war Zeit, Weltgeschichte zu schreiben.

Das Neutralisierungsmanöver

Am nördlichen Rand des Schlachtfeldes setzten die Perser zu ihrer ersten Umfassungsbewegung an. Bereits bei diesem Manöver musste sich die persische Schlachtreihe strecken, weil Alexander die Angriffslinie durch seine »schräge Schlachtordnung« verlängert hatte. Aufs Äußerste gespannt, prallte die persische Angriffswelle auf die Makedonier (vgl. Abb. 13).

Abb. 13: Der Umfassungsversuch der Perser

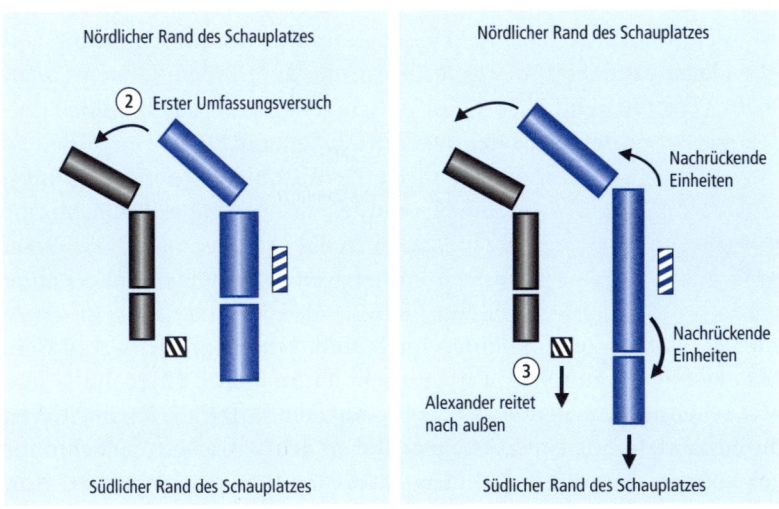

Doch die makedonische Front hielt dem Ansturm stand. Kleinere Durchbrüche wurden geschlossen. Mit aller Kraft stemmten sich die Makedonier gegen die anbrandenden Menschenmassen. Bald begriffen die Perser, dass sie weiter ausgreifen mussten, um das zurückgezogene Ende der schrägen Schlachtordnung zu erreichen. Zusätzliche Truppen aus der Mitte wurden eingesetzt, um die Zangenbewegung zu erweitern und den schrägen Flügel des Gegners doch noch zu umfassen. Immer mehr persische Reserven fluteten aus dem Zentrum an die Flanke, besetzten den weiten Raum bis zur makedonischen Front und verstärkten den Umgehungsangriff.

Auch im Süden setzten die persischen Truppen zur geplanten Umfassungsbewegung an. Doch hier stand Alexander mit seiner Kavallerie und begann plötzlich, die persische Front entlangzureiten – immer weiter nach außen, auf den Rand des Schlachtfeldes zu (vgl. Abb. 13). Dareios' Truppen nahmen den Wettlauf an. Sie folgten Alexander auf die Außenbahn, um seine Kavallerie einzufangen und ihre Zange wie geplant zu schließen. Parallel zu Alexander bewegten sich die Perser immer weiter nach außen, während persische Reserven aus dem Zentrum nachrückten, um die Lücken zu schließen.

Auf dem riesigen Schlachtfeld geschah nun Schritt für Schritt das Unglaubliche – und von Alexander Erwartete. Im Norden fluteten immer mehr Perser in den freien Raum zwischen den Fronten. Im Süden griffen die Perser immer weiter aus, um Alexanders Reiter von außen zu umfassen. Durch Alexanders Neutralisierungsmanöver wurde die persische Schlachtreihe immer stärker in die Länge gezogen. Die Perser mussten immer weiter ausholen, einen immer größeren Raum überbrücken. Ihre Reserven konnten nicht mehr schnell genug nachrücken, um die Lücken zu füllen. Die persische Front wurde überdehnt – und riss schlagartig in der Mitte auseinander. Eine Lücke von mehreren Hundert Metern Breite klaffte plötzlich in der persischen Schlachtreihe und öffnete eine Einflugschneise direkt ins Herz der persischen Aufstellung. Dareios erkannte die akute Gefahr. Doch es war zu spät (vgl. Abb. 14).

Die Überdehnung der persischen Front

Das Angriffsmanöver

Im vollen Galopp rissen Alexander und seine Reiter ihre Pferde herum und stürmten durch die Lücke in das persische Zentrum hinein. Wie eine Speerspitze drangen sie in die Bresche, die sich gebildet hatte. Die persischen Fußtruppen in den hinteren Reihen konnten der Wucht dieses entschlossenen Schlages nichts entgegenstellen.[40] Kaum bereit für die Schlacht und sich in Sicherheit wiegend, wurden sie von der gegnerischen Attacke unvorbereitet getroffen. Alexanders Kampfgefährten setzten sich durch und drangen immer tiefer in die persischen Linien ein (vgl. Abb. 14). Fassungslos musste Dareios von seiner sicher geglaubten Position aus zusehen, wie Alexander durch die Reihen seiner Männer ritt und immer näher rückte. Als sich abzeichnete, dass der konzentrierte Angriff der Makedonier auf das persische Zentrum nicht aufzuhalten war, wandte sich Dareios mit seiner Leibgarde zur Flucht.

Abb. 14: Alexanders Angriff

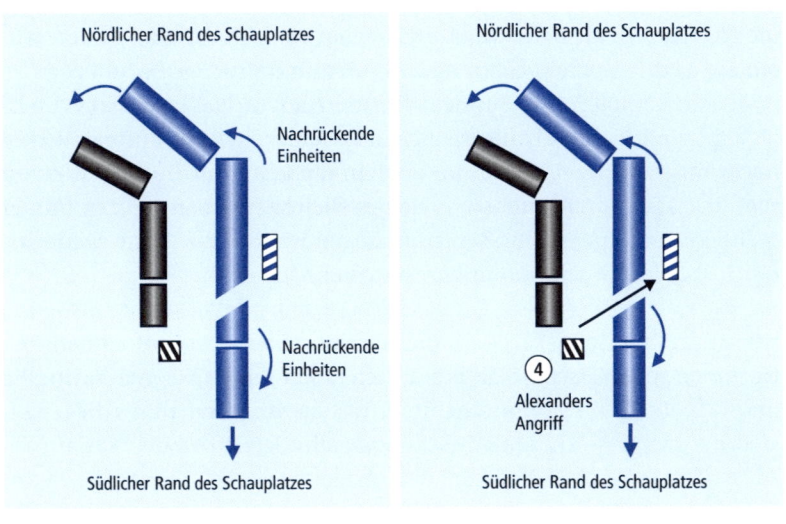

Ohne strategische Führung agierten die persischen Truppen nun zusammenhanglos, ihre Ordnung brach auseinander. Einheit um Einheit wurden sie von den Makedoniern zerstreut oder gaben den Kampf auf und flüchteten. Am Abend standen auf der Ebene von Gaugamela nur noch die siegreichen Makedonier und ihr junger König – der neue Herrscher des persischen Weltreiches.[41]

Die Strategieanalyse

Alexanders Sieg bei Gaugamela ist ein Musterbeispiel für die ungeheure Kraft, die ein kleiner Herausforderer entfalten kann – wenn er seine Ressourcen zur richtigen Zeit an der wirkungsvollsten Stelle konzentriert. Während Dareios sein Heer besonders breit aufstellte und im Laufe der Schlacht überdehnte, blieb Alexander fokussiert und nutzte im entscheidenden Augenblick eine klassische Achillesferse großer Wettbewerber: den *Overstretch*.

Dareios war fest entschlossen, die Entscheidung an den Rändern des Schlachtfeldes zu suchen. Er hatte sich vorgenommen, die Ebene von Gaugamela in seiner ganzen Breite zu beherrschen. Seine Truppen sollten sich stärker ausdehnen als der Gegner und Alexanders Soldaten in einem Wettkampf an beiden Außenlinien überrunden. Darum zog Dareios sein komplexes Riesenheer schon in der Ausgangsformation sehr weit auseinander. Im Laufe der Schlacht ließ er sich dann immer weiter nach außen treiben, ohne mit seinen zersplitterten Einheiten einen signifikanten Durchbruch zu erzielen. Gleichzeitig verschob er immer mehr Reserven aus dem Zentrum an die Ränder, bis seine Schlachtreihe überdehnt war und in der Mitte riss.

Alexander hingegen hatte nie die Absicht, einen Wettlauf an den Außenlinien mitzumachen. Er bestärkte jedoch seinen Gegner darin, die Entscheidung weitab vom Zentrum zu suchen, und beschäftigte die Perser an der Peripherie, um auf den Augenblick der Überdehnung zu warten. So neutralisierte er den Großteil der gegnerischen Truppen, bis die ausgestreckte Schlachtreihe der Perser auseinanderbrach. Die Schwächung des persischen Zentrums nutzte er dann entschlossen für einen kraftvollen Vorstoß direkt in das Herz des Gegners.

Alexander fördert die persische Expansion

Das Phänomen des Overstretchs

Die Perser sind in Gaugamela an einer klassischen Achillesferse großer Mächte gescheitert – dem Phänomen Overstretch. Kein anderes Verhaltensmuster hat häufiger zum Niedergang großer Weltreiche beigetragen. Dabei entsteht die Achillesferse ausgerechnet im Zentrum des Machtbereichs, weil die Kräfte in einer fortdauernden Wachstumsbewegung an den Rändern überdehnt werden. Gerade sehr große und dominierende Wettbewerber besitzen diese Tendenz, auf dem Höhepunkt ihrer Macht zu übertreiben, sich zu stark auszubreiten und ihre Ressourcen zu zerstreuen. Gleichzeitig wird das Zentrum durch die Überdehnung geschwächt und gibt bei einem entschlossenen Vorstoß wie ein Kartenhaus nach.[42]

Dareios ist diesem verhängnisvollen Muster des Overstretchs Punkt für Punkt gefolgt. Im Wissen um seine überlegenen Ressourcen setzte er keinen strategischen Schwerpunkt. Er glaubte, umso stärker zu sein, je größer das Spielfeld war, das er besetzte. Der Treibstoff dieser expansiven Philosophie war sein Wunsch, Alexander zu überflügeln und sich nicht wie in Issos »die Butter vom Brot nehmen« zu lassen. Darum investierte er seine Mittel an der Peripherie, schädigte seine Mitte und hatte sein komplexes Heer nicht mehr unter Kontrolle, als er die tödliche Gefahr für das Zentrum erkannte.

Eine wirksame Strategie angesichts überdehnter Wettbewerber ist der Vorstoß ins Zentrum. Alexander hat diese Erkenntnis schon zu Schlachtbeginn beherzigt und seinen Plan konsequent darauf ausgerichtet. Darum hat er die Zentrifugalkräfte des Gegners genutzt und gefördert. Mit der »schrägen Schlachtordnung« im Norden und dem angetäuschten Reiterangriff im Süden verstärkte er den Auswärtsdrall der Gegenseite und heizte die explosive persische Mischung aus Expansion, Überschätzung und mangelhafter Koordination gezielt an. Dann wartete er ruhig ab, bis die Überdehnung seines Wettbewerbers eintrat – um entschlossen und konzentriert in der Mitte vorzustoßen. Wie ein Judo-Kämpfer stellte er sich der natürlichen Bewegung des stärkeren Gegners nicht in den Weg, sondern benutzte dessen Schwung, um ihn auszuheben. Dabei waren

Der Vorstoß ins Zentrum

Alexanders Manöver lehrbuchhaft miteinander verzahnt. Seine beiden Neutralisierungsmanöver beschäftigten nicht nur das Gros der Perser weitab von der Entscheidungsstelle des Schlachtfeldes, sondern erweiterten gleichzeitig die Achillesferse im Zentrum und schufen auf diese Weise Idealbedingungen für die entscheidende Offensive.

Hannibal und sein Vorbild Alexander

Auf den ersten Blick scheint Alexanders Strategie das Gegenstück zum Ansatz von Hannibal zu sein (vgl. *Strategie Nr. 1: Das Kerngeschäft umfassen*). Während Alexander einen breit aufgestellten Wettbewerber an die Schlachtfeldränder lockte, um im Zentrum zuzuschlagen, nutzte Hannibal die Fixierung seines Gegners auf die Schlachtfeldmitte, um an den Rändern vorzustoßen. Beide Strategien basieren jedoch auf den gleichen Erfolgsprinzipien. Wie Alexander stellte sich auch Hannibal dem gegnerischen Hauptstoß nicht entgegen. Stattdessen nutzten beide Feldherren die Energie des gegnerischen Vorstoßes zu dessen Neutralisierung und konzentrierten gleichzeitig ihre eigenen Kräfte an der schwächsten Stelle

Gegensätzliche Strategien – gleiche Erfolgsprinzipien

des überlegenen Wettbewerbers. So konnten beide Feldherren mit der Anwendung universeller Erfolgsprinzipien in zwei völlig unterschiedlichen Situationen den Sieg davontragen und wirksame Vorlagen für das heutige Management schaffen.

Umsetzung der Strategie

Ein weiterer Erfolgsfaktor ist an dieser Stelle zu erwähnen. Angesichts der persischen Übermacht wäre es verständlich gewesen, wenn die makedonischen Soldaten nicht an den Sieg geglaubt hätten, sondern geflohen wären. Dass sie dies jedoch nicht taten, sondern standhaft ihre schwierige Aufgabe erfüllten, ist vor allem Alexanders Führungspersönlichkeit zu verdanken. Immer wieder hatte sich der junge König den Respekt und das Vertrauen seiner Soldaten erworben – weil er selbst vorlebte, was er von ihnen verlangte: Mut, Engagement und Zuversicht im Angesicht großer Herausforderungen. Auf diesen Rückhalt in seiner Mannschaft konnte er nun bauen, um seine Strategie in die Tat umzusetzen. Diese besondere Kombination aus Weitblick und Führungsstärke machte Alexanders besonderes Format aus. Darum konnte es für Caesar wie für Hannibal kein größeres Vorbild geben als Alexander – einen »Eroberer der Welt«[43].

Zusammenfassung

- Die **Achillesferse** der Perser war die starke Ausbreitung bis an die Schauplatzränder. König Dareios folgte dem Muster des Overstretchs: Er überdehnte seine Kräfte an den Flanken und schwächte das Zentrum, bis die persische Linie in der Mitte riss. Gleichzeitig konnte Dareios sein komplexes Heer nicht ausreichend koordinieren, um schnell zu reagieren, als die Schwäche des Zentrums offensichtlich wurde.

- Alexander setzte seine **Neutralisierungsmanöver** gezielt ein, um die Überdehnung des Wettbewerbers zu verstärken. Er zog im Norden seinen Flügel zurück und ritt im Süden einen Scheinangriff, um die Perser immer weiter nach außen zu locken.

- Das entscheidende **Angriffsmanöver** führte Alexander schließlich in die entstehende Lücke im Zentrum des Gegners.

Die Anwendung: Ryanair und der Preis-Leistungs-Vorteil

Fallstudie: Ryanair

Das Phänomen des Overstretchs hat nicht nur antike Weltreiche gestürzt, sondern spielt auch im Management eine entscheidende Rolle. Ryanair nutzte diese klassische Achillesferse großer Wettbewerber, um sich gegen die Branchenführer der Luftfahrtindustrie durchzusetzen.

Lange Zeit war die Basisstrategie großer Airlines weitgehend unbestritten: Es ging darum, den Markt umfassend abzudecken. Systematisch dehnten Branchenführer wie British Airways oder Lufthansa ihre Geschäftsaktivitäten entlang verschiedener Dimensionen aus.[44] Sie erschlossen zusätzliche Regionen, neue Produktkategorien oder weitere Kundensegmente. Symbol dieser Expansion war das »Hub&Spokes«-System: Die Airlines spannten komplexe Netze, die zahlreiche Nebenflugplätze (»Spokes«) mit zentralen Großflughäfen (»Hubs«) verbanden. Die Passagiere wurden zunächst mit kleinen Jets von den Nebenflugplätzen zu den Großflughäfen transportiert. Dort wurden die Passagierströme für Langstreckenflüge zusammengeführt und am nächsten Großflughafen wieder auf kleinere Flugzeuge verteilt. Auf diese Weise konnten große Fluglinien bis in die Randzonen ihrer Flugbereiche vordringen und den Kunden eine maximale Anzahl an Verbindungen anbieten.[45] Parallel zur Eroberung neuer Lufträume wuchs das Produktspektrum: Last-Minute-Kontingente, Vielfliegerprogramme, VIP-Service und vieles mehr erweiterten den Leistungsumfang und adressierten unterschiedliche Zielgruppen.

Der Overstretch in der Luftfahrtindustrie

Dieses Wachstumskonzept entsprach der persischen Strategie in Gaugamela. Wie Dareios versuchten die großen Airlines, ihre Position zu stärken, indem sie ihre Aktivitäten bis an die Spielfeldränder ausdehnten. Die Ausbreitung der Geschäftsportfolios hatte jedoch einen Preis: Komplexität. Die Branchenführer unterhielten heterogene Flotten unterschiedlicher Flugzeugtypen. Das »Hub&Spokes«-System erforderte eine aufwendige Flugplanung, um Anschlussflüge zu ermöglichen. Das breite Produktsortiment machte die Preiskalkulation in Abhängigkeit von Zeitpunkt und Auslastung eines Fluges zu einem komplexen Optimierungsproblem. Durch die mehrdimensionale Expansion wurde es immer aufwendiger, das Gesamtsystem zu steuern. Trotz dieser operativen Herausforderungen blieben die großen Airlines der Strategie umfassender Marktabdeckung bis in das neue Jahrtausend hinein weitgehend treu.

Umso erstaunlicher war der Vorstoß einer kleinen, irischen Fluggesellschaft, die dieser Expansionsphilosophie bewusst eine Reduktionsphilosophie entgegenstellte – und damit eine Achillesferse direkt im Zentrum der Luftfahrtindustrie traf. Mitte der 1990er-Jahre entschloss sich Ryanair, in den internationalen Flugverkehr einzusteigen und mit den großen Airlines zu konkurrieren.

Expansionsphilosophie versus Reduktionsphilosophie

Unter der Führung von Michael O'Leary verfolgte Ryanair eine Strategie, die dem *Mehr der* Branchenführer ein Konzept des *Weniger* entgegenstellte. Während die Branchenchampions das Luftfahrtgeschäft um neue Regionen, Segmente oder Produktkategorien erweitert hatten, wollte O'Leary die Leistung seiner Airline auf den Kern reduzieren. Er hatte erkannt, dass die Wettbewerber durch Expansion die Basisleistung – den einfachen Transport von A nach B zu einem günstigen Preis – vernachlässigt hatten.[46] Ausgerechnet auf diese Basisleistung konnte sich der Herausforderer nun mit einer Preisoffensive stürzen. Gezielt setzte Ryanair ein System um, das in seinen operativen Elementen auf die effiziente Produktion dieser Kernleistung ausgerichtet war (vgl. Abb. 15).

	Große Airlines	Ryanair
Strategie	Leistungsdifferenzierung für diverse Zielgruppen	Basisleistung zum günstigen Preis
Flugnetz	»Hub&Spokes«-Netzwerk	Direktflüge
Flotte	Regionaljet bis Großraum	Standardmodell
Produkte	First, Business, Economy	Economy
Distribution	Alle Kanäle	Online

Anstelle eines komplexen »Hub&Spokes«-Netzwerks richtete der Herausforderer Direktverbindungen ein. Anstatt eine heterogene Luftflotte aufzubauen, wurden wenige Flugzeugmodelle verwendet. Statt unterschiedliche Distributionskanäle zu erschließen, wurde vor allem der Onlinevertrieb genutzt.[47]

Systematisch stutzte Ryanair die Errungenschaften der Branchenexpansion zurück. Der Fokus auf das zentrale Kernprodukt war Programm. Dank dieses Ansatzes konnte der Herausforderer ein schlankes Betriebssystem aufbauen und die reine Flugleistung zu einem außergewöhnlich günstigen Preis anbieten. Die Versuche der Wettbewerber zur Abwehr dieser Offensive waren wenig wirkungsvoll.[48] Aufgrund der breiten Marktabdeckung konnten die Branchenführer nicht flächendeckend die Kostenstrukturen eines schlanken Herausforderers abbilden, der lediglich die Basisleistung der Industrie anbot. Der Overstretch hatte eine Produktivitätslücke geschaffen, die Ryanair nun gezielt nutzte.

Gleichzeitig verhinderte das weit ausgeworfene Netz aus unterschiedlichen Regionen, Segmenten und Produktkategorien, dass die Branchenführer diese Produktivitätslücken zügig schließen konnten. Um die Mechanik des Ryanair-Modells konsequent zu kopieren, hätten die Wettbewerber zahlreiche Aktivitäten abbauen müssen, um anschließend ihre Strukturen grundsätzlich zu verschlanken – ein dramatischer Schritt, zu dem sich die wenigsten Branchenführer durchringen konnten. So waren die großen Airlines durch ihre vielfältigen Engagements weitgehend neutralisiert.

Die großen Airlines konnten nicht ungehindert reagieren

Zusammenfassung

Ryanair folgte Alexanders Strategie. Der Herausforderer konkurrierte ebenfalls mit breit aufgestellten Wettbewerbern, die den Schauplatz umfassend abdeckten und durch das Ausgreifen an den Rändern eine Achillesferse schufen. Ebenso wie König Dareios konnten die Großairlines ihre Lücke im Kerngeschäft nicht zügig schließen, weil die Komplexität der breit gefächerten Aktivitäten als Neutralisierungsmanöver wirkte. Ryanair nutzte diese Wettbewerbslücke im Marktzentrum und konzentrierte sein Angriffsmanöver auf die Basisleistung der Industrie. Die Offensive des Herausforderers verlief sehr erfolgreich. Ryanair konnte seinen Marktanteil über Jahre hinweg steigern und gleichzeitig eine Gewinnmarge verbuchen, die das Niveau großer Konkurrenten übertraf.[49]

Die Achillesferse: Leistungsausdehnung

Viele Branchenführer überdehnen ihr Kerngeschäft, um die Marktränder erschließen zu können. Dadurch bauen sie Komplexität auf, entfernen sich von der Kostenführerposition im Marktzentrum und ermöglichen Preisoffensiven auf die Basisleistung der Industrie.

Zunächst erscheint es irritierend, dass manche Branchenführer ihr Kerngeschäft schwächen, um sich den Markträndern zuzuwenden. Dieses Muster des Overstretchs ist häufig die Folge eines hohen Marktanteils. Wenn ein Unternehmen den Großteil seines Marktes beherrscht, sind die Wachstumspotenziale des Kerngeschäfts in der Sättigungsphase begrenzt. Weil ein Marktanteilsgewinn schwierig erscheint, richtet sich der Wachstumsfokus auf unerschlossene Randsegmente der Branche. Der sprichwörtliche Kuchen wird nicht größer, und das eigene Kuchenstück ist bereits so groß, dass der Blick über den Tellerrand hinausgehen muss.

Besonders charakteristisch ist diese Ausgangslage für Exmonopolisten und Marktführer in staatlich regulierten Branchen. Wegen hoher Marktanteile von Kartellämtern und Monopolkommissionen beobachtet, können sie ihr Kerngeschäft kaum noch ausbauen. Spätestens wenn der Markt in die Reifephase tritt, ist Wachstum für diese Unternehmen nur durch die Ausdehnung der Geschäftsaktivitäten möglich. Als ehemalige Staatsmonopolisten sind Fluggesellschaften ebenso von diesem Phänomen betroffen wie Energieversorger, Kabelnetzbetreiber, Bahnkonzerne oder Telekommunikationsunternehmen. Aus diesem Grund decken viele Telefongiganten ihre Märkte bis in die Nischensegmente ab, während manche Energieversorger sogar über die Marktgrenzen hinausblicken und sich Geschäften mit Wasser, Haustechnik und Hollywoodfilmen zuwenden.

In einer solchen Situation verliert das Kerngeschäft häufig seine Priorität. Es dient nicht mehr als Wachstumstreiber, sondern als Finanzierungsquelle für neue Aktivitäten. Die betroffenen Branchenführer folgen der persischen Strategie in Gaugamela. Sie schöpfen das Zentrum ab, um die Flanken ausbauen zu können. In der Logik des Portfolio-Managements werden die Kernleistungen des Unternehmens zu Cashcows, um die jungen Kälber an den Markträndern zu ernähren.[50]

Eine solche Strategie verändert die Managementagenda. Die Wettbewerbsfähigkeit des Kerngeschäfts rückt in den Hintergrund, während Initiativen zur Erschließung neuer Umsatzquellen in den Vordergrund rücken. Häufig werden die Kernleistungen des Unternehmens durch Zusatzdienste ergänzt, um den Kundenumsatz zu steigern. Das Leistungsportfolio wird durch Segmentprodukte erweitert, die neue Zielgruppen ansprechen. Der Fokus der Aktivitäten entfernt sich immer mehr vom ursprünglichen Kern.

Das Kerngeschäft rückt in den Hintergrund

So konzentrierten sich zahlreiche Fluglinien im Gegensatz zu Ryanair nicht darauf, die reine Flugleistung zu einem möglichst niedrigen Preis anzubieten, sondern die Zahlungsbereitschaft unterschiedlicher Kundengruppen durch Zusatzdienste zu erschließen und mit segmentspezifischen Angeboten die Marktränder zu besetzen.[51]

Solche Leistungsausdehnungen fördern komplexe Strukturen und senken häufig die Effizienz. Viele Branchenführer entfernen sich dadurch von der Preisführerposition im Kerngeschäft und verlieren die Fähigkeit, ihre Basisleistungen zu einem attraktiven Preis anzubieten. Auf diese Weise entsteht eine Achillesferse für Herausforderer wie Ryanair, die sich mit ihrem Leistungsversprechen auf die Kernleistung der Branche fokussieren, alle Randaktivitäten ignorieren und ihre Strukturen konsequent darauf ausrichten, diese Kernleistung zu attraktiven Preisen zu vermarkten.

Abb. 16: Indikatoren des *Overstretchs*

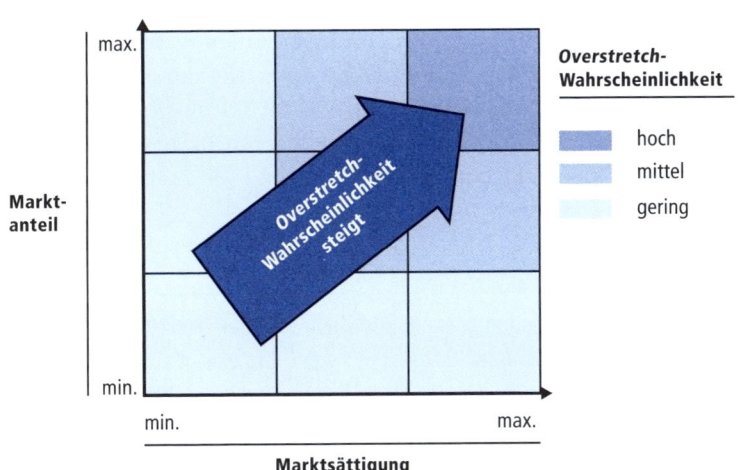

Ob ein Wettbewerber für das Muster des Overstretchs anfällig ist, können Sie vor allem an zwei Indikatoren erkennen: der typischen Kombination aus hohem Marktanteil und geringem Marktwachstum (vgl. Abb. 16). Je stärker ein Branchenführer seinen Markt dominiert und je geringer das Marktwachstum ausfällt, desto naheliegender ist es, dass der Wettbewerber sein Kerngeschäft abschöpft und den Leistungsumfang erweitert.[52] Umso größer sind in diesem Fall die Chancen für eine Preisoffensive auf die Kernleistung der Branche.

Das Neutralisierungsmanöver: Komplexität und Kannibalisierung

Wenn Branchenführer den Leistungsfokus ausdehnen, kontern sie Preisoffensiven auf die Basisleistung der Industrie häufig nicht konsequent. Der Overstretch behindert die großen Wettbewerber bei ihren Gegeninitiativen. Das hat vor allem zwei Gründe: Komplexität und Kannibalisierung.

1. Die Leistungsausdehnung fördert Komplexität.
Herausforderer wie Ryanair nutzen für ihre Preisoffensiven die Kostenvorteile schlanker Strukturen. Ein solches Effizienzniveau können große Wettbewerber häufig nicht abbilden, weil die breite Marktabdeckung ein Mindestmaß an Komplexität erzwingt. Falls diese Branchenführer einen entschlossenen Preiswettlauf um die Basisleistung mitgehen wollten, müssten sie zunächst einen Teil ihrer Leistungsausdehnung rückgängig machen, komplexe Strukturen bereinigen und manchmal sogar das Betriebssystem des Herausforderers kopieren.[53] Diese Schritte kosten jedoch Zeit.

Beispiel:

Ryanair konnte seine Flugzeuge stark auslasten, weil nur Direktflüge angeboten wurden. Die Flugzeuge konnten schneller abfliegen, da sie nicht auf Passagiere anderer Flüge warten mussten. Um dieses System nachzuahmen, hätten viele Branchenführer ihre »Hub&Spokes«-Systeme auflösen und das Streckennetz ausdünnen müssen. Dazu waren die großen Airlines in der Regel nicht bereit. Versuche mancher Fluglinien, diesen Umbau zu umgehen und den Preiskampf auf Basis bestehender Strukturen auszufechten, blieben weitgehend erfolglos.[54] Ohne ein schlankes Betriebssystem wurden die Niedrigpreis-Angebote oftmals zu Verlustgeschäften.

Die Komplexität der Leistungsausdehnung führt so nicht nur zu Kostennachteilen, sondern verhindert auch schnelle Reaktionen. Sinnvolle Wettbewerbsmaßnahmen der Branchenführer treten darum häufig mit Verzögerung ein. Bis die großen Konkurrenten ihre Strukturen bereinigt haben und von einer reduzierten Kostenbasis aus die Gegeninitiative einleiten können, haben Herausforderer Zeit, die eigene Marktposition zu konsolidieren.

2. Die Branchenführer wollen eine Kannibalisierung vermeiden.
Branchenführer beantworten Preisoffensiven auf die Basisleistung häufig zögernd, weil die Gefahr der Kannibalisierung besteht. Je breiter das Leistungsportfolio ausfällt, desto größer ist das Risiko, mit einer kraftvollen Abwehrreaktion das eigene Unternehmen zu treffen. Letztlich dient die Leistungsausdehnung dazu, mit Zusatzdiensten und Servicekomponenten neue Umsatzquellen zu erschließen. Sobald die Branchenführer kostengünstige Basisleistungen anbieten, um Herausforderer abzuwehren, droht diese Expansionsstrategie zu scheitern. Greifen die eigenen Kunden zu Basisprodukten und nicht zu erweiterten Produktvarianten, sind die Erträge der Leistungsausdehnung gefährdet.

Bei einer Gegenoffensive besteht die Gefahr, zwischen den Stühlen zu landen und sowohl Marktanteile zu verlieren als auch die Umsätze der Stammkunden zu reduzieren. Darum erscheint es häufig sinnvoller, Marktanteile abzugeben und die Geschäftsstrategie beizubehalten, als die Früchte der Expansionspolitik zu riskieren. So lassen zahlreiche Branchenführer die Herausforderer gewähren und akzeptieren einen Marktanteilsverlust zugunsten hoher Umsätze im verbleibenden Geschäftsportfolio.

Das Risiko, zwischen den Stühlen zu landen

Beispiel:

Mit der Kannibalisierungsgefahr war die Allianz, einer der führenden Versicherungs-konzerne Europas, zu Beginn des Jahrtausends konfrontiert. Im Rahmen ihrer Expansion hatte die Allianz das Produktportfolio über Standardversicherungen hinaus erweitert und sich zu einem Allfinanzanbieter entwickelt. Wichtige Stoßrichtungen der Leistungsausdehnung waren die Bereiche Altersvorsorge, Vermögensverwaltung und Banking. Die breite Aufstellung des Branchenprimus nutzten Direktversicherer für den Preisangriff auf ein Basisprodukt der Versicherungsindustrie: die KFZ-Haftpflichtversicherung. In diesem Produktbereich war die Allianz viele Jahre Marktführer. [55]

Die Herausforderer gingen nach dem Ryanair-Modell vor: einfache Leistungen, schlanke Strukturen, niedrige Preise. Sie konzentrierten sich auf das Kernprodukt. Komplexe Serviceleistungen wurden zunächst ausgeklammert. Den engen Fokus nutzten die Angreifer, um effiziente Betriebssysteme aufzubauen, die klar von den Gesamtstrukturen des Branchenführers abwichen.[56] Während die Allianz für ihr breites Produktangebot ein Netz von Versicherungsagenturen einsetzte und persönliche Beratungsleistungen anbot, konnten die schlanken Angreifer ihre Standardversicherungen über das Internet vermarkten und den persönlichen Service reduzieren. Der Kunde wählte seine Versicherung »von der Stange« und legte sie in einen elektronischen Warenkorb.

Die Allianz zögerte, diese Offensive der Herausforderer mit voller Kraft zu erwidern. Der Handlungsspielraum des Branchenprimus wurde durch das Risiko der Kannibalisierung beeinflusst. Als Vollsortimenter strebte die Allianz eine breite Kundenabsicherung an. Im Fokus der Vermarktung sollte nicht der Verkauf einzelner Basisprodukte, sondern der Abschluss umfassender Versicherungsleistungen stehen.[57] Darum konnte der Branchenführer kein Interesse an einem entschlossenen Preiswettbewerb um Standardversicherungen haben. Innerhalb seiner etablierten Strukturen konnte er das Kostenmodell der Direktversicherungen ohnehin nur bedingt abbilden.

Und eine eigene Internettochter, die den Ansatz der Herausforderer aufgreifen sollte, wurde zunächst wieder vom Netz genommen. Offensichtlich gab es Bedenken im klassischen Außendienst. Dieser schien Ertragseinbußen durch die hauseigene Konkurrenz zu fürchten. Kaum ein Versicherungsvertreter sah es gerne, wenn seine Kunden auf günstige Angebote der eigenen Internettochter stießen.

→

So tat sich die Allianz in der Anfangsphase schwer damit, die Offensive der Herausforderer zu beantworten, und realisierte Marktanteilsverluste bei einem Basisprodukt, während sie ihren Kurs fortsetzte und prinzipiell an einem breiten Leistungsportfolio festhielt.[58]

Um einzuschätzen, inwieweit sich der Branchenführer neutralisieren lässt, sollten Herausforderer vor allem zwei Kennzahlen prüfen, die in der Regel leicht zu ermitteln sind: die *Markentreue* und die *Preisorientierung* der Stammkunden des Wettbewerbers (vgl. Abb. 17).

Abb. 17: Indikatoren der Neutralisierung

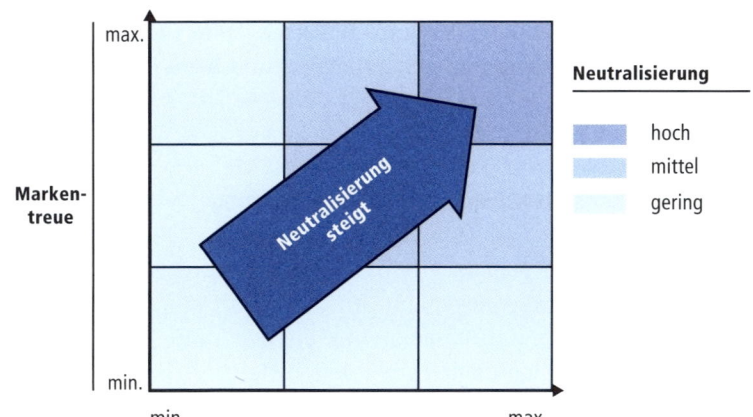

Je mehr Kunden des Branchenführers gleichzeitig markentreu *und* preisorientiert sind, desto größer ist dessen Kannibalisierungsrisiko. Diese Kunden würden den Branchenführer zwar nicht aus Preisgründen verlassen, nutzen eine Preisoffensive aber dennoch, um Kosten zu optimieren und zu günstigen Basisprodukten zu greifen. Ein entschlossener Gegenangriff reduziert dann lediglich die Umsätze jener Kunden, die der Herausforderer gar nicht erreichen könnte – Kannibalisierung pur.

Das Angriffsmanöver: Die Reduktionsstrategie

Wenn Branchenführer dem Overstretch-Muster folgen, können Herausforderer mithilfe einer Reduktionsstrategie die Initiative ergreifen. Im Prinzip geht es darum, durch Leistungsvereinfachung und Komplexitätsabbau überlegene Kostenstrukturen zu schaffen und eine Preisführerposition für die Basisleistung der Branche aufzubauen. Diese Strategie zielt auf alle Kundensegmente, die von einer Leistungsausdehnung keinen Mehrwert erwarten. Überdehnte Branchenführer werden durch Komplexitätsbarrieren in der Verteidigung behindert.

Die vier Schritte des Angriffsmanövers

Um die Preisführerposition zu erobern, sollten Herausforderer ein Angriffsmanöver in vier Schritten durchführen: Es geht darum, die Kernleistung zu definieren, ein effizientes Betriebssystem zu schaffen, Leistungsvorteile an die Kunden weiterzugeben und beim Wachstum den Fokus zu bewahren.

Schritt 1: Konsequenter Fokus auf die Kernleistung

Die Grundlage für Ryanairs Produktivitätsvorsprung schuf ein Leistungsversprechen, das konsequent auf die Basisleistung der Branche zielte. Alle weiteren Leistungselemente, die den Branchenführern als Differenzierungsquellen dienten, wurden entfernt. Beispielsweise verzichtete Ryanair auf ein umfassendes Flugnetz und konzentrierte sich auf wenige Direktflüge. Unterschiede zwischen Passagierklassen wurden aufgehoben. Zusätzliche Serviceleistungen wie Catering oder Platzreservierung wurden eingeschränkt. Die komplexe Branchenleistung wurde auf den einfachen Transport zwischen wenigen Schlüsselpunkten reduziert.[59]

Das Reduktionsprinzip als Basis der Offensive

Dieses Reduktionsprinzip sollten Herausforderer entlang aller Leistungsdimensionen anwenden. Folgende Fragen sind als Ausgangspunkt hilfreich: Welchen Grundnutzen schafft die Branche? Auf welche Kernleistung kommt es wirklich an? Welches Grundbedürfnis wird durch die Industrie befriedigt? Welche Leistung bildet den Ausgangspunkt der komplexeren Konkurrenzangebote?

Blenden Sie zunächst die Zusatzdienste der Industrie aus und konzentrieren Sie sich ganz auf die Basisleistung. Das Ziel sollte es sein, das Angebotsportfolio von allen Elementen zu befreien, die Komplexität und überproportionale Kosten verursachen. Reduzieren Sie das Branchenangebot um alle Komponenten, die nur mit Zusatzaufwand anzubieten sind, Prozessvarianten erzwingen und Produktionsabläufe verteuern. Jede Abweichung von diesen Prinzipien, jede Variation einer Leistungskomponente sollte von Herausforderern skeptisch betrachtet werden. Folgen Sie dem Reduktionsprinzip vor allem entlang folgender Leistungsdimensionen:

- **Kundensegmente:** Das Leistungsangebot des Herausforderers sollte konsequent auf den Massenmarkt und dessen Grundbedürfnisse ausgerichtet sein. Blenden Sie als Herausforderer darum alle Kundensegmente aus dem Leistungsfokus aus, die eine besondere Produktvariante erwarten und nur mit einer Erweiterung der Grundleistung zu adressieren sind.
- **Produkte:** Durch ein breites Sortiment und unterschiedliche Produktvarianten entsteht entlang der Wertschöpfungskette Komplexität. Der Herausforderer sollte sein Produktprogramm darum auf wenige Kernprodukte ausrichten und dem Prinzip »Ein Produkt, ein Preis« folgen.
- **Servicekomponenten:** Viele Serviceangebote sprechen nur kleine Segmente an oder offerieren einen geringen Zusatznutzen. Identifizieren Sie alle Angebotskomponenten, die das Leistungsversprechen nur geringfügig verbessern, und eliminieren Sie diese.
- **Distributionskanäle:** Herausforderer wie Ryanair konzentrieren sich auf effiziente Distributionskanäle. In der Regel bietet sich das Internet als wichtigster Vertriebsweg an, weil es geringe Grenzkosten verursacht und die Größenvorteile der Branchenführer relativiert. Zahllose Onlinebanken, -versicherungen oder -reiseanbieter nutzen diesen Vorteil.
- **Regionen:** Die Markterschließungskosten können regional deutlich variieren. Herausforderer sollten nur jene Regionen in ihren Fokus aufnehmen, die effizient bedient werden können. Prüfen

Sie dazu die Kostenunterschiede zwischen Stadt und Land sowie zwischen Schlüssel- und Randmärkten. Verzichten Sie in der Vermarktung auf alle Regionen, die nur mit überdurchschnittlichen Kosten zu erschließen sind.

Schritt 2: Konsequente Ausrichtung der Unternehmensstrukturen

Im zweiten Schritt geht es darum, ein Betriebssystem zu schaffen, das sich deutlich von den Branchenstandards unterscheidet und *alle* Kostenvorteile der Leistungsreduktion hebt. Der Herausforderer sollte seinen klaren Fokus auf die Kernleistung nutzen, um schlanke Strukturen zu schaffen und so die Skalenvorteile der großen Wettbewerber auszugleichen.

Die Leistungsreduktion gibt Herausforderern eine ganze Reihe von Hebeln an die Hand, um Komplexitäten entlang der Wertschöpfungskette zu reduzieren und signifikante Kostenvorteile gegenüber den Branchenführern zu erarbeiten. Alle Hebel, die bei überdehnten Unternehmen zu steigenden Kosten und sinkender Produktivität führen, können nun in entgegengesetzter Richtung als Wettbewerbsvorteil genutzt werden. Sie sollten vor allem folgende Hebel prüfen, um die Komplexität auf ein Minimum zu reduzieren und optimale Kostenstrukturen zu erreichen:

- **Prozesse:** Welche Prozesse können radikal vereinfacht oder ganz gestrichen werden? Der Fokus auf die Basisleistung ermöglicht beispielsweise schlanke Strukturen in den Bereichen Produktion, Logistik und Kundenmanagement. Leerläufe, Rüstkosten und Schulungsaufwand können aufgrund geringer Komplexität reduziert werden.
- **Einkaufsvorteile:** Durch die Konzentration auf wenige Produktvarianten können Herausforderer im Einkauf häufig größere Skaleneffekte realisieren als Branchenführer, die das Einkaufsvolumen auf viele Produktvarianten aufteilen. Auch deshalb war es für Ryanair vorteilhaft, auf wenige Flugzeugmodelle zu setzen.
- **Selfservice:** Die Leistungsvereinfachung ermöglicht es, bestimmte Arbeitsschritte im Rahmen von Selfservice-Konzepten an die

Kunden abzugeben. Direktbanken nutzen beispielsweise die Vorteile einfacher Produkte, um Verwaltungsaufgaben durch Onlinebanking an ihre Kunden zu übertragen. Prüfen Sie darum alle Möglichkeiten des Do-it-yourself, die sich durch Ihre Reduktionsstrategie ergeben.

■ **Outsourcing:** Die Konzentration auf wenige Produktvarianten erlaubt es, ganze Wertschöpfungsstufen an Dritte auszulagern, ohne komplexe Schnittstellen steuern zu müssen. Prüfen Sie, welche Stufen der Wertschöpfungskette an effizientere Dienstleister übergeben werden können. Geeignet sind vor allem Aktivitäten, deren Kosten weiterhin von Größenvorteilen bestimmt werden.

Beispiel:

Ryanair nutzte die Konzentration auf Kernprodukte, um ein anderes Betriebssystem aufzubauen als die klassischen Airlines. Die Reduktionsstrategie schaffte zentrale Voraussetzungen, um Größennachteile gegenüber den großen Wettbewerbern auszugleichen und Produktivitätsvorteile zu erzielen. Beispielsweise vereinfachte das simple Produktportfolio die Prozesskette von der Preiskalkulation über die Sitzplatzvergabe bis zum – stark reduzierten – Catering. Weil nur Direktflüge angeboten wurden, mussten die Flugpläne nicht mehr aufwendig koordiniert werden. Gleichzeitig stieg die Auslastung der Jets, weil sie nicht am Boden warteten, um Passagiere von anderen Flügen aufzunehmen. Die Konzentration auf wenige Flugzeugmodelle senkte die Betriebskosten und erzeugte Größenvorteile durch bessere Einkaufskonditionen. Die Ryanair-Mitarbeiter nutzten den klaren Angebotsfokus, um sämtliche Kostenhebel entlang der Wertschöpfungskette zu ziehen. Auf diese Art konnten sie ein Produktivitätsniveau erreichen, das im Wettlauf um Marktanteile entscheidend war. Gleichzeitig schuf Ryanair ein schlankes Betriebssystem, das diesen Fokus konsequent abbildete und von den großen Wettbewerbern mit ihrem breiten Leistungsangebot nur bedingt kopiert werden konnte.

Schritt 3: Kundennutzen steigern

Die Konzentration auf Kernleistungen steigert nicht nur die Prozesseffizienz, sondern häufig auch den Kundennutzen. Herausforderer sollten darauf achten, neben den Preisvorteilen auch die Leistungsvorteile ihrer Reduktionsstrategie an die Kunden weiterzugeben.

Beispiele:

Die einfachen Tarifstrukturen der Direktversicherer senken nicht nur die Betriebskosten, sondern erleichtern den Kunden die Produktauswahl und den Preisvergleich. Bei Ryanair war die Reduktionsstrategie ebenfalls mit klaren Leistungsvorteilen für die Kunden verbunden: Die Konzentration auf Direktverbindungen und der Verzicht auf das »Hub&Spokes«-System eliminierte Anschlussprobleme und förderte die Pünktlichkeit der Maschinen. Selbst bei Lebensmitteldiscountern wie Aldi hat der konsequente Fokus auf ein Basissortiment neben dem Kosten- auch einen Leistungsvorteil: Die Kunden sind schneller mit dem Einkauf fertig.

Schritt 4: Fokussiert bleiben

War der Preisangriff auf die Basisleistung der Branche erfolgreich, liegt der Gedanke nahe, weitere Marktsegmente zu erobern. An dieser Stelle müssen Herausforderer darauf achten, nicht zum Opfer des eigenen Erfolgs zu werden. Immer wieder besteht die Gefahr, den eigenen Grundsätzen untreu zu werden und den Leistungsfokus auszudehnen, um neue Wachstumsquellen zu erschließen.

Gerade bei der Anwendung der Reduktionsstrategie sollte man jedoch darauf achten, keine Wachstumsrichtungen einzuschlagen, die durch Komplexitätsaufbau das Fundament des eigenen Erfolgs beschädigen. Die Herausforderer müssen der Versuchung widerstehen, dem Overstretch der Branchenführer zu folgen. Die gleichen Prinzipien, die der Leistungsdefinition zugrunde liegen, sollten auch den weiteren Wachstumspfad des Unternehmens bestimmen. Diese Fähigkeit, dem Reduktionsprinzip im Erfolg treu zu bleiben, unterscheidet Ryanair von vielen weniger erfolgreichen Angreifern in der Luftfahrtindustrie. Um die Wettbewerbsvorteile der Reduktionsstrategie zu erhalten, sollte das Wachstum nicht mit Komplexitätsaufbau einhergehen. Optimal geeignet sind Wachstumsfelder, die das Leistungsversprechen nicht

Der Versuchung widerstehen

antasten, sondern das bestehende Betriebssystem in größerem Maßstab nutzen.

Beispiel:

So ist Deutschlands Discountchampion Aldi über Jahrzehnte konsequent bei seinem schlanken Modell geblieben und hat diese Erfolgsformel geografisch ausgerollt.[60]

Den Vorrang besitzen stets Wachstumsrichtungen, die schlanke Strukturen bewahren und zu den Kostenvorteilen der Einfachheit jene der Größe addieren. Auf diese Weise werden Herausforderer mit jedem zusätzlichen Prozentpunkt Marktanteil gestärkt und nicht überdehnt.

Zusammenfassung der Strategie

Strategie Nr. 2: Die Überdehnung der Konkurrenten nutzen

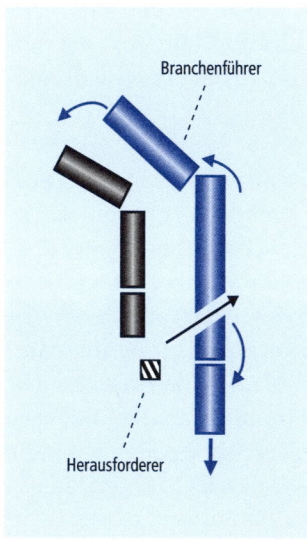

Branchenführer

Herausforderer

Achillesferse: Der Branchenführer folgt dem Overstretch-Muster und dehnt seinen Leistungsumfang an den Markträndern aus. Dadurch entfernt er sich von der Preisführerposition für die Basisleistung der Branche.

Neutralisierungsmanöver: Das Overstretch-Muster erzeugt Komplexitätsbarrieren, die eine wirksame Gegeninitiative überdehnter Branchenführer verzögern.

Angriffsmanöver: Der Herausforderer konzentriert sich auf die Basisleistung, baut Komplexität ab und schafft ein schlankes Betriebssystem, das alle Effizienzvorteile der Leistungsreduktion nutzt. Auf dieser Grundlage erfolgt eine Preisoffensive ins Marktzentrum.

Strategie Nr. 3: Etablierte Strukturen brechen

Die Vorlage: Caesar und die Schlacht von Pharsalos

Als Gaius Julius Caesar seine Legionen am 9. August 48 v. Chr. in die Schlacht von Pharsalos führte, stand er vor der entscheidenden Herausforderung seines Lebens. Sein Gegner in dieser Schlacht war zahlenmäßig weit überlegen und beherrschte alle Elemente der römischen Kriegskunst. Caesars Widersacher an diesem Tag war kein wilder gallischer Stamm und auch kein undisziplinierter germanischer Kriegshaufen – der Feind war Rom selbst. Auf dem Schlachtfeld von Pharsalos musste Caesar mit seinen 22 000 Soldaten gegen 47 000 gut ausgebildete, gut ausgerüstete und gut geführte Legionäre des Senats von Rom antreten.[61]

Neunzehn Monate zuvor hatte Caesar mit seinen Legionen die Provinz Gallien verlassen und war in Italien einmarschiert. Damit stellte er sich gegen die Anweisungen des römischen Senats. Dieser hatte Caesar dazu aufgefordert, als Privatmann nach Rom zurückzukehren, wo ihn ein Prozess wegen politischer Vergehen erwartete. Aber Caesar war nicht dazu bereit, sich seinen Gegnern im Senat auszuliefern. Er kehrte nach Italien zurück – jedoch nicht allein. Er brachte seine Legionen mit. Der Senat fasste dies zu Recht als Kriegserklärung auf und mobilisierte seine eigenen Truppen. Damit hatte ein Bürgerkrieg begonnen, der die römische Republik auslöschen und die Kaiserzeit einleiten sollte.

Nun standen Caesars Legionen in Pharsalos der doppelt so großen Streitmacht des Senats gegenüber. Geführt wurde diese Übermacht von Caesars großem Rivalen – einem Feldherrn, der bereits Geschichte geschrieben hatte, als Caesar noch ein aufstrebender Lokalpolitiker in Rom gewesen war: Gnaeus Pompeius Magnus, vielfacher Kommandeur großer Heere, Sieger großer Kriege, Roms erster Bürger. Caesar wusste, dass er einen routinierten und fähigen Gegner vor sich hatte. Beide Feldherren blickten an diesem Tag über das Schlachtfeld. Beide betrachteten die Armee des Gegners. Beide sahen die gleiche Chance auf einen schnellen Sieg. Beide entwickelten sinnvolle Pläne, um diese Chance zu nutzen. Aber während Pompeius vorsichtig agierte, war Caesar kompromisslos und konsequent. Das sollte die Schlacht entscheiden.

Sowohl Caesar als auch Pompeius hatten ihre Heere entsprechend der Standardaufstellung der römischen Armee antreten lassen. Legion stand neben Legion, jede Legion war mehrere Kohorten tief gestaffelt. Präzise ausgerichtete Rechtecke schwerer Infanterie mit Brustpanzern, rechteckigen Schilden und wehenden Helmbüschen reihten sich aneinander.[62] Zwei lange Schlachtreihen standen sich in dieser Form geordnet gegenüber. Beide

Ausgangslage: die römische Standardaufstellung

Schlachtreihen reichten im Süden bis an den Fluss Enipeus und liefen im Norden in der offenen Ebene aus. Um die empfindlichen Flankenenden im offenen Gelände zu schützen, hatten beide Feldherren ihre Reiterei am nördlichen Rand des Schauplatzes postiert (vgl. Abb. 18).

Der Plan des Pompeius

Pompeius erkannte bei der Analyse der Ausgangslage sehr schnell, wo sich der wichtigste Punkt des Schauplatzes befand. Die Entscheidung würde sicher nicht im Südteil des Geländes fallen. Dort blockierte der Fluss Enipeus alle offensiven Operationen und schützte beide Schlachtreihen effektiv. Die Entscheidung würde auch nicht in der Schauplatzmitte fallen. Denn beide Seiten waren im Zentrum sehr stark aufgestellt. Die Schlachtreihen würden an dieser Stelle sehr lange standhalten. In der Mitte einen Durchbruch zu versuchen, wäre eine unsichere und gefährliche Angelegenheit.

Abb. 18: Ausgangssituation

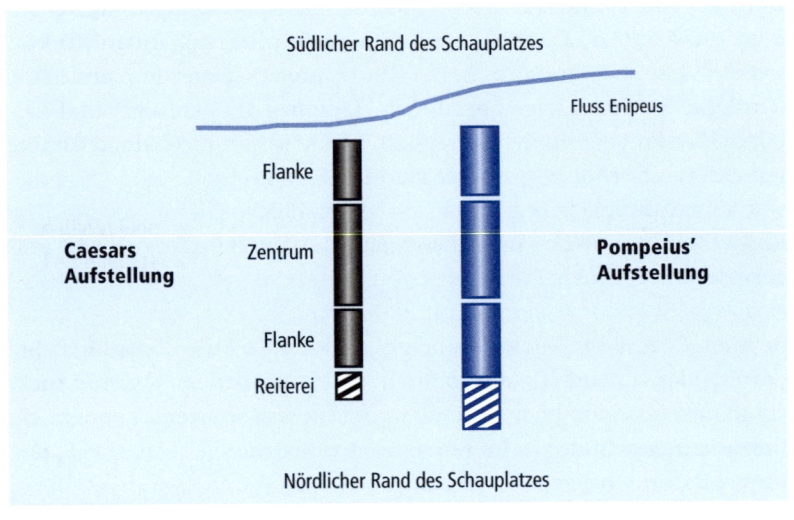

Die Entscheidung würde folglich nicht im Süden und nicht im Zentrum, sondern im Norden des Schauplatzes fallen. Denn im Norden liefen beide Schlachtreihen in das offene Gelände hinaus. Hier konnte man die Flanke umgehen und dem Wettbewerber in den ungeschützten Rücken fallen. Wer sich am nördlichen Schlauplatzrand durchsetzte, würde die Schlacht gewinnen; wer an dieser Stelle den Gegner überflügeln konnte, würde siegen.

Pompeius entschied sich für eine bewährte Methode, um diese Chance zu nutzen. Der Feldherr ließ seine Legionen in der Grundaufstellung verharren und plante, den entscheidenden Umgehungsangriff mit der Reiterei zu führen (vgl. Abb. 19). Seine Legionen sollten von vorn Druck auf Caesars Truppen ausüben, während die schnellen Reiter die gegnerische Schlachtlinie umrunden und die Rückseite des Wettbewerbers angreifen sollten. Caesars nördliche Flanke wurde zwar von dessen eigener Reiterei geschützt, aber die Kavallerie des Senats war der Gegenseite weit überlegen.

Die Achillesferse

Der Plan von Pompeius nutzte die etablierte Grundaufstellung der römischen Armeen. Die Legionen bildeten in dieser Standardstruktur stets eine sauber gegliederte Linie. Die Reiter hingegen standen an den Enden dieser Linie für schnelle Flanken-, Umgehungs- und Verfolgungsmanöver bereit.[63] Als erfolgreicher römischer Feldherr kannte Pompeius diesen Grundrahmen. Darüber hinaus war er prinzipiell kein Freund großer Risiken und bevorzugte Pläne, die einen sicheren Sieg versprachen.[64] Darum scheute er sich wohl, die Grundaufstellung zu verändern. Zudem wurde Pompeius an diesem Tag von einem Beirat führender Senatoren begleitet. Diese Senatoren waren Neuerungen gegenüber ohnehin nicht aufgeschlossen. Dies war sicher kein Tag für Experimente, sondern für Bewährtes. Die Zukunft der Republik stand schließlich auf dem Spiel.

> **Pompeius hält an der Standardaufstellung fest**

Abb. 19: Pompeius' Plan und Caesars Reaktion

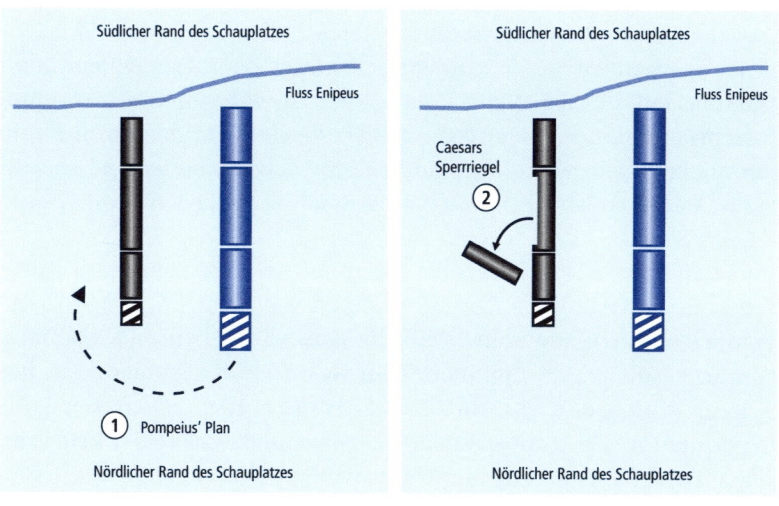

Pompeius analysierte die Ausgangslage durchaus zutreffend. Ihm war klar, dass die entscheidende Siegeschance am nördlichen Schlachtfeldrand zu suchen war. Schließlich entwickelte er einen sinnvollen Plan, um diese Chance zu nutzen. Sein Plan hielt an der etablierten Standardaufstellung der römischen Armee fest – und bot Caesar dadurch die entscheidende Achillesferse zum Sieg.

Das Neutralisierungsmanöver

Auf der anderen Seite des Schauplatzes hatte Caesar die Lage ebenso erfasst. Er erkannte ebenfalls instinktsicher, dass die Entscheidung am nördlichen Rand des Schauplatzes fallen würde. Dort war nicht nur seine eigene Truppe für einen Angriff in den Rücken anfällig, sondern auch die Formation des Gegners.

Caesar ahnte durchaus, wie Pompeius vorgehen würde. Er kannte seinen Konkurrenten recht gut, verstand die Logik seiner Aufstellung und konnte die Überlegungen des Gegners an dessen Schlachtvorbereitungen ablesen. Pompeius plante, einen Umgehungsangriff mit der Reiterei durchzuführen. Somit würde der Großteil seiner Truppen weiterhin tief gestaffelt im Zentrum des Schlachtfeldes stehen – so tief gestaffelt, dass die meisten Soldaten in den hinteren Reihen lange auf ihren Einsatz warten mussten. Sie standen sich hinter ihren Kameraden praktisch die Füße in den Bauch – und neutralisierten sich damit selbst. Darum konnte der Löwenanteil von Pompeius' Legionären nur zum Einsatz kommen, wenn die Schlacht sehr lange dauerte. Und so weit wollte Caesar es gar nicht kommen lassen.

Die Achillesferse von Pompeius lag genau wie bei Caesar am Nordrand des Schlachtfeldes. Die Neutralisierung seiner Übermacht hatte Pompeius durch eine konventionelle Aufstellung bereits selbst übernommen. Nun war ein Angriffsmanöver angebracht, das die Chance eines Umgehungsangriffs im Norden konsequenter und radikaler nutzte als der Wettbewerber. Caesar war nicht bereit, seine Legionen im Zentrum zu vergeuden, nur weil es die Standardaufstellung so vorschrieb. Er plante, seine Truppen möglich umfassend für eine Offensive zu nutzen.

Caesar will die Chance konsequenter nutzen

Als die Schlacht gerade beginnen sollte, löste Caesar aus jeder Legion im Zentrum eine Kohorte heraus. Er schwächte sein Zentrum so stark, wie er es gerade noch verantworten konnte. Mit den herausgelösten Kohorten bildete er hinter seiner Schlachtreihe einen stabilen Sperrriegel. Dieses Manöver ging schnell und präzise vor sich. Vom Gegner unbeobachtet, stellten sich Caesars beste Einheiten im Rücken ihrer Mitstreiter neu auf (vgl. Abb. 19). In diesem Augenblick begann die Schlacht.

Das Angriffsmanöver

Die Schlachtreihen rückten auf beiden Seiten vor. Ganze Schwärme von Speeren wurden geworfen. Tausende von Soldaten prallten Schild an Schild gegeneinander. Mann gegen Mann drängten die Legionäre vorwärts. Keiner wich zurück. Die Legionen hielten dem Druck auf beiden Seiten stand. Dann gab Pompeius den entscheidenden Befehl. Seine Reiter kannten ihr Ziel: Sie sollten Caesars Schlachtreihe umgehen und ihr in den Rücken fallen. Die Kavallerie ritt los. Sie umrundete in weitem Bogen die gegnerische Front. Der Pulk an Pferden wurde immer schneller. Der Scheitel der Schlachtreihe war erreicht. Die Pferde galoppierten im Angriffstempo. Die Reiter schwenkten in den Rücken des Wettbewerbers ein – aber sie stießen nicht in dessen ungeschützte Hinterseite, sondern prallten auf die harte Abwehrfront von Caesars Sperrriegel (vgl. Abb. 20).

Angesicht eines Walls aus Schilden und Speeren brach der Reiterangriff zusammen. Caesars lanzenschwingende Soldaten zersprengten die gegnerischen Reiter. Nun gab Caesar den Befehl zur Gegenoffensive. Während im Zentrum – wo die meisten Truppen kämpften – nichts Entscheidendes geschah, ging der Sperrriegel selbst zum Umgehungsangriff über. Er rückte in einem großen Bogen vor, umrundete die Front und griff Pompeius' Legionen im Rücken an (vgl. Abb. 20). Als Pompeius' Legionäre bemerkten, dass sie von vorne und hinten bedrängt wurden, brach ihre Schlachtlinie auseinander. Die Soldaten begannen zu fliehen, die Schlacht war verloren. Gaius Julius Caesar hatte gegen seinen größten Gegner, gegen eine

Caesars entschlossene Gegenoffensive

römische Übermacht, gegen den Senat von Rom, die entscheidende
Schlacht des römischen Bürgerkrieges gewonnen.

Abb. 20: Die Umgehungsangriffe

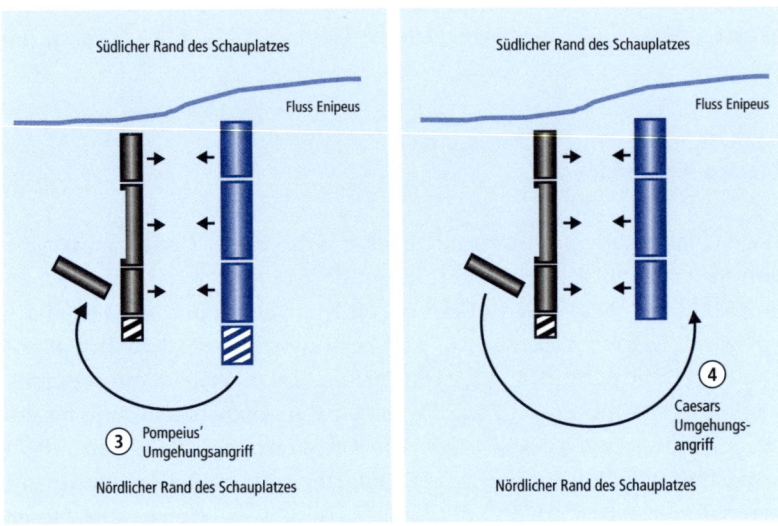

Die Strategieanalyse

Pharsalos ist ein besonderes Fallbeispiel, weil beide Wettbewerber die
Lage zutreffend einschätzten und sinnvolle Pläne entwickelten. Entschieden wurde diese Situation schließlich durch Caesars Fähigkeit,
seine Truppen konsequent auf die bestimmende Chance des Schauplatzes auszurichten und ihr volles Potenzial zu heben – während der
»Branchenführer« Pompeius in seiner konventionellen Ausrichtung
verharrte und diese Chance nicht nutzte.

Beide Feldherren hatten die Ausgangslage richtig analysiert. Beide
hatten erkannt, dass die Entscheidung nicht im Süden und nicht im
Zentrum des Schlauplatzes fallen konnte, sondern im Norden. Beide
wussten, dass ein Umgehungsangriff in den Rücken des Wettbewerbers

den Sieg sichern würde. Darum wollten beide die Schlacht durch einen solchen Umgehungsangriff im Norden für sich entscheiden. Pompeius ging konventionell vor, um diese Chance zu nutzen. Caesar hingegen handelte kompromisslos und konsequent. Pompeius ließ seine Legionen in der Ausgangsstruktur stehen. Den entscheidenden Angriff führte er ausschließlich mit der Reiterei. Das entsprach der gängigen Grundaufstellung in der römischen Armee, neutralisierte jedoch seine Übermacht. Der Großteil seiner Legionäre stand wie gewohnt im Zentrum des Schlachtfeldes – dort, wo *diese* Schlacht nicht entschieden wurde.

Caesar handelte radikaler. Er zog den besten Teil seiner Mannschaft aus der Mitte ab – ohne Rücksicht auf die etablierte Grundaufstellung. Er richtete seine Truppen konsequent neu aus, um sich im Norden durchzusetzen und die entscheidende Offensive mit maximaler Wirkung führen zu können. In der Schlachtfeldmitte warteten Pompeius' Legionäre unproduktiv auf ihren Einsatz. Zeitgleich erzielten Caesars transferierte Truppen am Schauplatzrand den ausschlaggebenden Sieg. Die Entscheidung fiel somit nicht, weil Caesar die Chance eines Umgehungsangriffs erkannt und Pompeius diese übersehen hätte. Der entscheidende Erfolgsfaktor war vielmehr Caesars Bereitschaft, im richtigen Augenblick die Ausgangsstruktur aufzulösen und seine Legionen völlig neu auszurichten, um diese Chance zu nutzen.

Caesar sprengt den Grundrahmen

Pompeius war zu dieser Flexibilität und Konsequenz offensichtlich nicht in der Lage. Unter dem enormen Druck der Schlacht scheute er eine Neuausrichtung und vertraute den existierenden Strukturen. Innerhalb dieser bestehenden Strukturen war Pompeius durchaus aktionsfähig. Innerhalb dieser Strukturen konnte er die richtigen Ziele setzen und seinen Einheiten sinnvolle Aufträge erteilen. Aber er konnte nicht über diese Strukturen hinausgehen. Es gelang ihm nicht, in der Hitze des Gefechts die Grundlagen bisheriger Erfolge infrage zu stellen und sie durch völlig neue zu ersetzen. Er brauchte die bewährten Strukturen, um wirksam handeln zu können.

Ganz anders dagegen Caesar. Der Imperator brach in jenem Augenblick mit der konventionellen Grundaufstellung der römischen Armee, als diese nicht mehr optimal geeignet war, die anstehende Aufgabe zu erfüllen. Er entschied sich für eine Neupositionierung, um seine Truppen sinnvoller einsetzen zu können. Nur Caesar zeigte die notwendige Veränderungsbereitschaft und reorganisierte seine Truppen konsequent, um deren Wirkung an der entscheidenden Stelle des Schauplatzes zu maximieren.

Gegensätzliche Grundhaltungen

Dieses Verhalten spiegelt durchaus die gegensätzlichen Grundhaltungen der beiden Feldherren wider. Pompeius war ein Systembewahrer. Er schätzte die bestehenden Strukturen der römischen Herrschaftsausübung. Seine historischen Erfolge basierten auf der Fähigkeit, das bestehende Senatssystem zu verstehen und optimal zu handhaben.

Caesar dagegen war grundsätzlich bereit, den Status quo infrage zu stellen. Gerade unter Druck suchte er nicht die Sicherheit bewährter Strukturen, sondern entwickelte Alternativen. Er erkannte nicht nur die Stärken, sondern auch die Schwächen bisher erfolgreicher Systeme. Vor allem verstand er, wann diese bewährten Systeme aufgrund veränderter Rahmenbedingungen nicht mehr geeignet waren, die aktuellen Herausforderungen zu lösen. Diese innovative Grundeinstellung bewies er in den Jahren nach Pharsalos in noch größerem Maßstab, als er das römische Staatswesen umbaute, um es auf die neuen Anforderungen eines weltumspannenden Imperiums auszurichten.

Zusammenfassung

- Pompeius erzeugte die **Achillesferse** durch sein Unvermögen, die eingenommene Grundaufstellung seiner Truppen zu hinterfragen. Darum konnte er seine Ressourcen nicht konsequent auf die entscheidende Chance am Schauplatzrand lenken.

- Das **Neutralisierungsmanöver** führte Pompeius selbst durch, indem er den Großteil seiner Truppen wie üblich im Zentrum aufstellte, obwohl die Schlacht dort nicht entschieden wurde.

- Caesar erkannte die Schlüsselchance am Schauplatzrand nicht nur, sondern handelte auch konsequent. Er veränderte die etablierte Grundaufstellung und positionierte seine Truppen neu, um sie für das entscheidende Angriffsmanöver auf diese Chance auszurichten.

Die Anwendung: Apple und die Basisinnovationen

Fallstudie: Apple

Apple hat mit dem iPod die Musikbranche revolutioniert. Während sich zahlreiche Branchenführer an bestehenden Strukturen orientierten, verschob der kalifornische Herausforderer die Grundaufstellung des Musikgeschäfts und konnte die Chancen einer neuen Basistechnologie konsequent nutzen.

Um die Jahrtausendwende tauchte eine neue Technologie am Rand des Musikmarktes auf. Ihr Name: MP3. Das MP3-Format komprimierte digitale Musikdateien und ermöglichte den effizienten Transfer von Musik über das Internet. Zunächst wurde die Innovation vor allem von Internettauschbörsen aufgegriffen.

Aber auch zahlreiche Branchenführer der Musikindustrie erkannten in der neuen Technologie eine Schlüsselchance. Sie spielten ihre Stärken aus, um das MP3-Format zu nutzen. Die Hardwarehersteller fertigten neben CD-Playern auch MP3-Player. Softwareschmieden entwickelten Programme zur Dateiverwaltung und Musikwiedergabe auf unterschiedlichen Endgeräten. Medienkonzerne veröffentlichten ihre Songs als MP3-Datei und entwarfen digitale Vermarktungsplattformen.[65]

Die meisten Initiativen bleiben innerhalb der bestehenden Branchenstrukturen

Wenige Unternehmen nutzten die Chance jedoch, um Barrieren zwischen den einzelnen Wertschöpfungsstufen des Musikgeschäfts aufzuheben und ein umfassendes Leistungsversprechen für die Konsumenten zu schaffen. Wie Pompeius hielten die meisten Wettbewerber an ihrer bestehenden Aufstellung im Branchengefüge fest und integrierten die MP3-Technologie lediglich in ihren Teil der Wertschöpfungskette. Rückblickend betrachtet blieben die MP3-Ansätze vieler Anbieter lediglich Randerscheinungen, weil keines dieser Unternehmen sich konsequent genug von der bestehenden Arbeitsteilung zwischen Hardwareherstellung, Softwareproduktion und Musikvermarktung lösen konnte, um den vollen Kundennutzen der neuen Technologie zu realisieren. Darum war der wahre Gewinner der MP3-Revolution kein japanischer Elektronikgigant mit Walkman-Vergangenheit und auch kein anderer etablierter Spieler mit Branchenerfahrung. Zum Sieger der MP3-Revolution wurde ein ehemaliger Nischenanbieter für Computer aus Cupertino in Kalifornien: Apple.

Apples visionärer Unternehmensführer Steve Jobs erkannte ebenfalls die Chance, die in der neuen MP3-Technologie lag. Jobs war wie Caesar ein Systemveränderer, der bestehende Strukturen konsequent infrage stellte. Nun schien Jobs der Meinung zu sein, dass die etablierten Anbieter die MP3-Chance nicht richtig angingen. Er glaubte, dass man die existierenden Grenzen zwischen den einzelnen Wertschöpfungsstufen der Musikindustrie aufheben musste, um das volle Potenzial der neuen Technologie auszuschöpfen. Jobs sah die einmalige Chance, auf Basis der MP3-Technologie eine neue Position in der Wertschöpfungskette einzunehmen und ein neuartiges Leistungsversprechen für die Kunden zu schaffen.[66]

Apple hebt die etablierte Arbeitsteilung auf

Das Ergebnis dieses kompromisslosen Ansatzes war der iPod – ein Produkt, das die etablierten Glaubenssätze der Musikindustrie radikal veränderte. Apple nutzte die Möglichkeiten des MP3-Formats, um die bestehenden Abgrenzungen zwischen Geräteherstellern, Softwareindustrie, Medienverlagen und Musikhandel aufzuheben und den Nutzern mit einer neuartigen Kombination aus Abspielgerät (iPod), Software (iTunes) und Internetshop (iTunes Store) eine integrierte Gesamtleistung anzubieten. Durch die optimale Abstimmung dieser drei Elemente konnten die Kunden auf einfache Weise Musik auswählen, kaufen, bezahlen, verwalten, synchronisieren – und hören. Apples neues Leistungsversprechen bündelte die vormals komplexe Wertschöpfungskette der Musikindustrie in einem einzigen Produkt.

Offensichtlich war kaum ein anderer Wettbewerber weit genug gegangen, um die eingespielten Verhaltensweisen der Musikindustrie fundamental zu verändern und die Chancen der neuen Basistechnologie konsequent zu nutzen.[67] Jobs hingegen hatte diese Konsequenz bewiesen. Mit seinem neuen Leistungsversprechen konnte Apple die Grundstrukturen der Musikindustrie neu definieren und zu einem bestimmenden Unternehmen der Branche aufsteigen.

Zusammenfassung

Wie Caesar war auch Steve Jobs im Wettbewerb um eine Schlüsselchance mit starken Konkurrenten konfrontiert. Diese Wettbewerber schufen selbst eine Achillesferse, indem sie wie Pompeius in der Ausgangsstellung verharrten und ihre Grundstrukturen nicht konsequent genug auf die Schlüsselchance ausrichteten. Das Festhalten an etablierten Strukturen und die mangelnde Innovationsorientierung wirkten gleichzeitig als Neutralisierungsmanöver und verhinderten, dass die Konkurrenten das volle Potenzial der MP3-Technologie realisierten. Jobs hingegen wählte für sein Angriffsmanöver eine neue Grundaufstellung entlang der Wertschöpfungskette, richtete Apples Aktivitäten konsequent aus und konnte die Möglichkeiten des MP3-Formats voll nutzen.

Die Achillesferse: Basisinnovationen

Optimale Ausgangsbedingungen für Caesars Strategie entstehen, wenn Basistechnologien die Märkte verändern und Chancen für neue Leistungsversprechen erzeugen. In diesen Situationen scheitert über die Hälfte aller Branchenführer.[68] Diese Unternehmen verharren in ihren etablierten Strukturen und können die Chancen der neuen Technologien nicht optimal nutzen.

Wenn Basisinnovationen die Märkte verändern, erinnert der Ablauf oft an die Schlacht von Pharsalos. Die Basisinnovation taucht zunächst am Marktrand auf. Sie wird von Branchenführern identifiziert und als entscheidende Chance erkannt. Die Branchenführer richten sich jedoch nicht konsequent genug auf diese Chance aus. Stattdessen versuchen sie, die Basisinnovation im Rahmen bestehender Strukturen zu nutzen.

Sie integrieren die neue Technologie häufig in bestehende Produkte, anstatt völlig neue Leistungsversprechen zu formulieren. Darüber hinaus neutralisieren sich solche Unternehmen bisweilen selbst, indem sie den Großteil ihrer Ressourcen in den alten Kernsegmenten ihres Marktes einsetzen, obwohl das anstehende Wachstumsrennen nicht dort entschieden wird.

Beispiele:

Die Reihe der durch Basisinnovationen gestrauchelten Branchenführer ist umfangreich. So versäumten etwa die Reifengiganten Goodyear und Firestone zunächst den Einstieg bei Radialreifen. Xerox verpasste die Drift zu Kleinkopierern. Seagate – ein Branchenführer der Festplattenindustrie – scheiterte am Aufstieg der 3,5-Zoll-Festplatte. Gerade in der Computerindustrie vermochten nur wenige Branchenführer Basisinnovationen effektiv für sich zu nutzen.[69]

Auf diese Weise schaffen Branchenführer Achillesfersen. Oder positiv formuliert: Sie schaffen Chancen für Unternehmen, die durchaus bereit sind, etablierte Branchengrundlagen konsequent zu hinterfragen, um die Möglichkeiten neuer Basistechnologien zu nutzen. Die Branchenchampions müssen ihre Führungsposition in der Folge häufig an Herausforderer abgeben. Aber warum verwandeln sich bewährte Strukturen und Stärken angesichts neuer Basistechnologien in gefährliche Achillesfersen? Warum muss man radikal sein, wenn man die Chancen technologischer Quantensprünge nutzen will? Was unterscheidet Basisinnovationen so fundamental von »gewöhnlichen« Innovationen?

Was unterscheidet Basisinnovationen von »gewöhnlichen« Innovationen?

Gewöhnliche Innovationen verbessern die Leistung existierender Produkte. Sie ermöglichen vor allem »Mehr vom Gleichen«. Die hochauflösenden Verfahren der Fernsehindustrie sind solche Innovationen. Das hochauflösende Fernsehen hat das Kundenverhalten und die Art der Gerätenutzung zunächst nicht grundlegend verändert. Das Fernsehbild wurde lediglich schärfer. Die Leistung stieg – aber das prinzipielle Leistungsversprechen blieb unangetastet. Ebenso wenig haben hochauslösende DVDs die Videonutzung revolutioniert. Leistungsversprechen, Nutzungsprozesse, Vermarktungswege und Geschäftsmodelle des Videomarktes blieben weitgehend gleich. Das volle Potenzial solcher Innovationen kann man ausschöpfen, wenn man die existierenden Marktstrukturen beherrscht. Dies ist die Domäne der Branchenführer. Hier können sie die Vorteile ihrer Marktstellung voll ausspielen. Branchenführer nehmen diese Innovationen schnell auf, integrieren sie in die existierenden Angebote und reichen sie über die bestehenden Kanäle an die Kunden weiter. Darum stärken gewöhnliche Innovationen die Wettbewerbsposition der etablierten Unternehmen.

Basisinnovationen dagegen schwächen zumeist die Wettbewerbsposition der Branchenführer. Denn Basisinnovationen verbessern nicht die bestehende Leistung, sondern schaffen die Grundlage für völlig neue Leistungen. Sie erzeugen einen ganz neuen Kundennutzen, weil sie Art und Grund der Produktanwendung verändern.

Beispiele:

Die MP3-Technologie hat das Verhalten der Musiknutzer fundamental verändert und eine neue Generation von Musikliebhabern geschaffen. Die digitale Fotografie hat ebenfalls ein ganz neues Leistungsbündel erzeugt, das sich grundlegend von der Fotografie auf Film unterscheidet. Die Nutzer digitaler Kameras können ihre Fotos direkt vor Ort überprüfen, die Fotos selbst nachbearbeiten und sie in beliebigen Stückzahlen über das Internet versenden.

Basisinnovationen sind nicht besser, sie sind vor allem anders. Das ist ihr Turbolader. Diesen Turbolader der Andersartigkeit können Unternehmen nur starten, wenn sie die bestehenden Grundlagen der Branche infrage stellen und neue Leistungsversprechen formulieren. Diesen Erfolgsfaktor können Marktführer häufig nicht einbringen. Wie Pompeius tun sie sich schwer damit, das Grundgerüst der bisherigen Erfolge fundamental zu verändern und sich konsequent neu auszurichten. Das hat, wie gleich beschrieben wird, strukturelle Gründe. Darum sind die großen Gewinner der MP3-Revolution nicht ehemalige Industriegrößen mit langjähriger Branchenerfahrung und bewährten Produktionsprozessen, sondern

Basisinnovationen sind nicht besser – sondern anders

Herausforderer wie Apple, die ihre Chance nutzen, um das Leistungsversprechen der Branche zu erneuern. Gewöhnliche Innovationen stärken die Position der Branchenführer. Basisinnovationen dagegen gehören zu ihren klassischen Achillesfersen.

Das Neutralisierungsmanöver: Selbstblockade auf drei Ebenen

Branchenführer werden meist durch drei Barrieren an der konsequenten Auswertung neuer Basisinnovationen gehindert. Sie konzentrieren sich auf die Hauptsegmente des Marktes, nutzen ihre Budgets zur Finanzierung existierender Umsatzquellen und stellen die Grundlagen ihrer Erfolge erst verzögert infrage.

Warum fällt es Branchenführern so schwer, sich konsequent auf die Chancen neuer Basistechnologien auszurichten? Der Grund ist sicherlich nicht Unkenntnis. Ebenso wie Pompeius die Chance eines Umgehungsangriffs identifizierte, erkennen auch etablierte Unternehmen zumeist die Relevanz einer neuen Basistechnologie. In der Musikindustrie war es vielen Unternehmen bewusst, dass MP3 den Markt verändern würde. Auch an der Komplexität der betreffenden Technologien liegt es in der Regel nicht. Das MP3-Format war an sich keine schwierige Technologie, die nur wenigen Unternehmen offengestanden hätte.[70]

Es gibt jedoch drei Faktoren, die die Branchenführer daran hindern, die erkannten Chancen einer neuen Basistechnologie schnell, entschlossen und konsequent anzugehen:

1. Im Mittelpunkt stehen die Hauptnutzer
Basisinnovationen erobern Märke in zwei Phasen. In der *ersten Phase* sind sie den etablierten Technologien in wesentlichen Leistungsaspekten unterlegen. Beispielsweise war die Bildqualität in der digitalen Fotografie zu Beginn deutlich schlechter als bei herkömmlichen Filmen. Darum sprechen Basisinnovationen in der ersten Phase der Markteroberung nur bestimmte Nischensegmente am Marktrand an. Diese Nischensegmente sind an den zusätzlichen Leistungsmerkmalen der neuen Technologien interessiert und sehen über deren beschränktes Leistungsvermögen hinweg. Für die großen Kundensegmente im

Marktzentrum sind Basistechnologien in der ersten Phase aufgrund dieser Leistungsdefizite jedoch nicht attraktiv.

Je größer und kundenorientierter ein Branchenführer ist, desto stärker ist er jedoch auf die Bedürfnisse eben dieser großen Kundensegmente ausgerichtet. Darum wird eine neue Basistechnologie in der ersten Phase von Branchenführern zwar registriert. Aber sie steht nicht im Fokus.

In der *zweiten Phase* der Markteroberung nähert sich die Leistungskurve der Basisinnovation dem Niveau der etablierten Technologie an und überflügelt diese. In diesem Augenblick rückt die Basisinnovation ins Marktzentrum und auf die Prioritätenliste von Branchenführern. Zu diesem Zeitpunkt ist die Chance jedoch häufig vergeben, weil Herausforderer die neue Technologie bereits beherrschen. Wenn beispielsweise die Branchenführer der Computerindustrie eine Basistechnologie erst nach zwei Jahren in ihren Fokus nehmen, hinken sie dem Herausforderer häufig einen ganzen Entwicklungszyklus hinterher und haben sich – salopp gesprochen – aus dem Markt geschossen.[71] Die Ausrichtung auf große Kundensegmente sorgt dafür, dass viele Branchenführer neue Basistechnologien nicht mit der richtigen Priorität behandeln.

Wenn der Massenmarkt reagiert, ist es schon zu spät

2. Die Budgets fließen ins Kerngeschäft
Budgetprozesse sind in vielen Unternehmen ähnlich ausgerichtet: Die Ressourcenzuweisung ist an Leistungszusagen geknüpft. Budgets erhalten jene Geschäftsfelder zugeteilt, die entsprechende Erträge zusichern können. Konkrete Commitments können aber in erster Linie jene Geschäftsfelder abgeben, die mit etablierten Technologien und Geschäftsmodellen arbeiten.[72] Sie besitzen belastbare Erfahrungswerte und können die Zukunftsentwicklung relativ sicher einschätzen. Das Potenzial neuer Basisinnovationen abzuschätzen, ist dagegen wesentlich schwerer. Darum fließt bei vielen Unternehmen der Löwenanteil des Budgets in das etablierte Kerngeschäft. Dort dient es vornehmlich zur Finanzierung der aktuellen Umsatzträger und nicht zum Aufbau zukünftiger Ertragsquellen. Die Truppen des Unternehmens bleiben – im Bild von Pharsalos gesprochen – im Zentrum stehen und werden

nicht an den Marktrand verschoben. So sorgt die etablierte Budgetlogik häufig dafür, dass neue Basistechnologien nicht die notwendigen Mittel erhalten.

3. Bei einschneidenden Schritten gibt es eine natürliche Hemmschwelle
Die dritte Hürde vieler Branchenführer ist rein psychologischer Natur – und vielleicht gerade deshalb besonders wirksam. Es handelt sich um den gleichen Effekt, der einen fähigen Feldherrn wie Pompeius dazu verleitete, in Pharsalos inkonsequent zu handeln: Es fällt grundsätzlich schwer, bewährte Methoden, Praktiken und Strukturen infrage zu stellen, solange die Geschäfte gut laufen. Diese Hürde ist zutiefst menschlich, hält jedoch viele Unternehmen davon ab, radikale Schritte rechtzeitig einzuleiten. Dies erklärt, warum viele Branchenführer neue Basistechnologien in bestehende Produkte integrieren, sie jedoch nicht als Ausgangspunkt nutzen, um innovative Leistungsversprechen zu formulieren; warum sie versuchen, das Potenzial neuer Technologie zu nutzen, indem sie bestehende Strukturen erhalten, anstatt diese zu hinterfragen. Dieser Effekt sorgt dafür, dass Branchenführer nicht konsequent genug handeln, wenn sie das Potenzial einer Basisinnovation heben wollen.

Das Angriffsmanöver: Die Innovationsstrategie

Wenn Branchenführer in der etablierten Marktposition verharren und Basistechnologien nicht mit der erforderlichen Konsequenz nutzen, können Herausforderer das Branchengefüge mit einer gezielten Innovationsstrategie verändern und Marktanteile gewinnen. Hierzu gilt es die etablierte Branchengrundlage infrage zu stellen und das eigene Unternehmen konsequenter auszurichten als die großen Wettbewerber.

Die vier Schritte des Angriffsmanövers

Um die Chancen einer Basisinnovation voll zu realisieren, sollten Herausforderer ein vierstufiges Angriffsmanöver durchführen. Es geht darum, die Basisinnovation rechtzeitig zu identifizieren, die Branchenannahmen einem Realitätstest zu unterziehen, radikale Alternativen zum etablierten Leistungsversprechen zu prüfen und eine dieser Alternativen konsequent umzusetzen. Diese vier Schritte lassen sich am Beispiel einer Basisinnovation veranschaulichen, die den Mobilfunkmarkt revolutionierte: am iPhone.

Schritt 1: Basistechnologien frühzeitig identifizieren

Basistechnologien tauchen zunächst am Marktrand auf. Der erste Schritt des Angriffsmanövers besteht darin, diese Technologien rechtzeitig zu registrieren. Achten Sie dazu auf irritierende Produkterfolge in Marktnischen und auf andere »Anomalien«, die Sie im Markt bisher nicht kannten oder nicht erwartet haben. Analysieren Sie vor allem Innovationen, die nicht den etablierten Produktkonzepten entsprechen und neue Leistungsaspekte formulieren. Registrieren Sie Produkte, die von den Kunden in einer neuartigen Weise genutzt werden. Oftmals besitzen Technologien, die diesen erfolgreichen Nischenangeboten zugrunde liegen, das Potenzial, zur Grundlage einer entsprechenden Offensive zu werden.

Beispiel:

Bevor Apple im Jahr 2007 das erste iPhone lancierte, hatte sich der Markt für Mobiltelefone in gewisser Weise eingependelt. Die Branche wurde von großen Anbietern wie Samsung oder Nokia geprägt. Die Produktpalette der Industrie wuchs über die Jahre an, während die technischen Fähigkeiten der einzelnen Geräte stetig zunahmen. Im wechselseitigen Wettbewerb wurde die Leistungsfähigkeit der integrierten Kameras, Musikplayer und Stromspeicher gesteigert. Die Kunden schienen diese Anstrengungen jedoch nicht richtig zu würdigen. Ein wirklich »großer Wurf« – ein Gerät, das den Markt in Bewegung gesetzt hätte – war keinem der großen Branchenführer seit mehreren Jahren geglückt.

Bei genauerer Betrachtung gab es jedoch am Marktrand einen erstaunlichen Erfolg zu beobachten. Das kanadische Unternehmen Research In Motion (RIM) hatte ein merkwürdiges Handy entwickelt, das völlig anders aussah als herkömmliche Mobiltelefone: RIM hatte den BlackBerry eingeführt. Dieses Gerät war mit seinem speziellen Design konsequent auf den mobilen Empfang und Versand von E-Mails

→

ausgerichtet. Telefonieren konnte man mit dem BlackBerry natürlich auch – dies schien jedoch nicht im Fokus zu stehen. Aufgrund seines besonderen Profils stellte der BlackBerry nicht die Verbesserung eines existierenden Produktkonzepts dar, sondern formulierte ein neuartiges Leistungsversprechen. Dieser Erfolg in einem Nischensegment signalisierte zwei Trends. Erstens: Das mobile Internet besaß das Potenzial, zur nächsten großen Basisinnovation des Mobilfunkmarktes zu werden. Zweitens: Ein Leistungsversprechen, das dieses Potenzial voll ausschöpfen sollte, müsste völlig anders konzipiert sein, als es die etablierten Branchenstandards vorsahen. Diese Trends sollte Apple in der Folge konsequent beherzigen.

Sobald Herausforderer erste Hinweise auf neue Basistechnologien am Marktrand entdeckt haben, gilt es den zweiten Schritt des Angriffsmanövers einzuleiten: die Grundlagen der Industrie einem Realitätstest zu unterziehen.

Schritt 2: Das etablierte Leistungsversprechen einem Realitätscheck unterziehen

Im Kern des Glaubensgebäudes einer Industrie steht zumeist die Überzeugung, mit dem etablierten Leistungsversprechen die Kundenwünsche zu adressieren und zentrale Bedürfnisse der Zielgruppe zu befriedigen. Diese Glaubenssätze definieren einen Wettbewerbskorridor, in dem die Unternehmen miteinander konkurrieren und sich zu übertreffen versuchen. Sie stecken auch die Perspektive ab, aus der die Branchenführer Basisinnovationen betrachten und zu nutzen versuchen. Sind diese Grundannahmen nicht zutreffend, neutralisiert sich die Branche selbst, weil sie in die falsche Richtung arbeitet.

Die Grundannahmen der Branche hinterfragen

Diese Grundannahmen gilt es im zweiten Schritt des Angriffsmanövers zu hinterfragen. Ob das etablierte Leistungsversprechen einer Industrie tatsächlich die existierenden Kundenbedürfnisse befriedigt und Kunden die Leistungssteigerungen innerhalb des gewohnten Wettbewerbskorridors wirklich wertschätzen, können Herausforderer anhand eines

Sets von sechs Kennzahlen erkennen (vgl. Abb. 21). Diese Kennzahlen sind in der Regel verfügbar oder relativ leicht zu ermitteln und den meisten Unternehmen einer Branche bekannt.

Abb. 21: Kennzahlen des *Realitätstests*

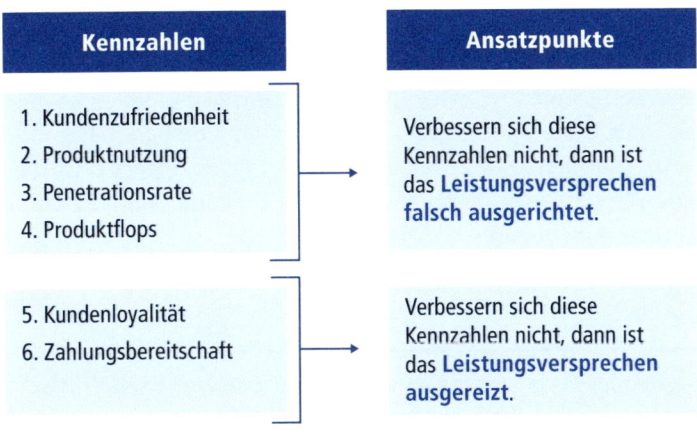

Die Kennzahlen zeigen an, ob die etablierten Leistungsversprechen der Branche auf zutreffenden Grundannahmen beruhen oder ob diese Grundannahmen neu formuliert werden müssen. Dabei können Herausforderer zwei Grundszenarien unterscheiden:

■ **Falsches Leistungsversprechen:** Ist die Kundenzufriedenheit trotz stetiger Innovationsanstrengung der etablierten Anbieter gering? Liegt die tatsächliche Produktnutzung auf einem niedrigen Niveau? Dann werden die zentralen Kundenbedürfnisse von den aktuellen Produktkonzepten wahrscheinlich nicht adressiert. Eine hohe Anzahl an Produktflops und eine geringe Penetrationsrate der existierenden Produkte im Zielsegment verstärken diesen Eindruck. Die Produktkonzepte sind in diesem Fall vermutlich falsch ausgerichtet und basieren auf unzutreffenden Grundannahmen.

- **Ausgereiztes Leistungsversprechen:** Ist die Kundenloyalität gering und eine zusätzliche Zahlungsbereitschaft für Produkte mit höheren Leistungswerten nicht erkennbar, dann übersteigt das etablierte Leistungsniveau vermutlich den tatsächlichen Kundenbedarf. Ein Mehr an Leistung im Rahmen der aktuellen Produktkonzepte geht in diesem Fall an den Kundenerwartungen vorbei. Die Produktkonzepte sind ausgereizt.

In beiden Fällen können Herausforderer den Markt mit innovativen Leistungsversprechen in Bewegung setzen: Entweder indem sie auf Grundlage der neuen Basistechnologie die unbefriedigten Hauptbedürfnisse der Kunden ansprechen. Oder indem sie mit ihrem Leistungsversprechen neue Leistungsdimensionen betonen, die von der Industrie bisher noch nicht adressiert wurden.

Beispiel:

Vor Einführung des iPhones schien ein Teil der Mobilfunkindustrie ein unzureichendes Leistungsversprechen abzugeben. Trotz erheblicher Innovationsanstrengungen, stetiger Leistungssteigerungen und partiell wachsender Produktportfolios blieb die regelmäßige Nutzung des Internets auf dem Handy insgesamt eher ein Randphänomen. Offensichtlich stimmten die Grundannahmen darüber, was erfolgreiche Handys für das mobile Internet auszeichnen sollte, nicht.

Schritt 3: Ein neues Leistungsversprechen formulieren

Falls der Realitätscheck anzeigt, dass die Grundausrichtung der Wettbewerber an den tatsächlichen Kundenbedürfnissen vorbeigeht, kann der dritte Schritt des Angriffsmanövers eingeleitet werden. Es geht darum, eine radikal neue Vision des Leistungsversprechens zu formulieren und die Möglichkeiten der neuen Basistechnologie voll auszuschöpfen.

Beispiel:

Apple präsentierte das erste iPhone im Jahr 2007 und erreichte damit den Durchbruch des mobilen Internets im Privatkundensegment. Das Gerät und seine Nachfolger wurden zum Branchenmaßstab. Innerhalb weniger Jahre konnte Apple Millionen iPhones verkaufen und sich über die Hälfte der globalen Profite der Handy-Industrie sichern.[73]

Das Erfolgsgeheimnis des iPhones war ein neues Leistungsversprechen, das sich radikal von bewährten Branchenkonzepten unterschied. Viele Hersteller hatten im Grunde versucht, das Internet in ein Mobiltelefon zu integrieren und die technische Geräteleistung zu steigern.

Die Apple-Mitarbeiter wählten offensichtlich die Gegenrichtung. Sie entwickelten kein Telefon, mit dem man das Internet nutzen konnte – sie schufen ein Internetgerät, mit dem man auch telefonieren konnte. Sie legten den Fokus nicht unbedingt auf die technische Leistungsfähigkeit, sondern auf die nutzerfreundliche Bedienung. Tatsächlich arbeitete das erste iPhone nicht mit dem stärksten technischen Übertragungsstandard. Manche Konkurrenzmodelle waren in Bezug auf technische Produktparameter überlegen.[74] Diese vermeintliche Beschränkung des iPhones schien für die Nutzer jedoch zweitrangig zu sein. Den Apple-Kunden war es offensichtlich wichtiger, ein Gerät zu wählen, mit dem sie das mobile Internet nicht nur theoretisch empfangen, sondern praktisch nutzen konnten. Durch Touchscreen, intuitive Benutzeroberflächen und spezielle Anwendungen (Apps) hatte Apple »Bedienungsfreundlichkeit« neu definiert. Damit hatte Apple ein Produkt geschaffen, das nicht den etablierten Konzepten entsprach – und gerade deshalb das Potenzial des mobilen Internets voll ausschöpfen konnte.

Wenn sich Herausforderer im dritten Schritt des Angriffsmanövers der Aufgabe zuwenden, eine neue Vision des Leistungsversprechens zu entwerfen, sollten sie dabei folgende Suchpfade prüfen:

- **Leistungserweiterung:** Welche in der Branche völlig neuartigen Leistungsmerkmale können durch die neue Basistechnologie geschaffen werden?
- **Leistungsintegration:** Können bisher in der Industrie getrennte Wertschöpfungsstufen mithilfe der neuen Technologie integriert werden?

- **Leistungsnutzung:** Kann die Nutzung der aktuellen Leistungen durch den Kunden deutlich gesteigert werden?
- **Leistungsdesign:** Kann die Erscheinungsform der Leistung mit der neuen Technologie deutlich verändert werden?
- **Service & Support:** Können neben der eigentlichen Produktnutzung auch andere Phasen des Kundenzyklus fundamental verändert werden?
- **Pricing:** Welche radikal neuen Preismodelle werden auf der Grundlage der neuen Technologie möglich?

Haben Sie die Basistechnologie am Marktrand rechtzeitig identifiziert, die Grundlage der Branche erfolgreich infrage gestellt und ein radikales, neues Leistungsversprechen geschaffen, dann fehlt noch der letzte Schritt des Angriffs: die Umsetzung.

Schritt 4: Das Leistungsversprechen konsequent umsetzen

Wie bereits dargestellt, folgen Branchenführer häufig Pompeius' Handlungsmuster und richten ihre Ressourcen nicht konsequent genug auf die entscheidende Chance der Basisinnovation aus. Als Herausforderer sollten Sie darum Caesars Vorbild folgen: Setzen Sie Ihre besten Mitarbeiter und Ihr Budget an der entscheidenden Stelle des Marktes ein – dort, wo Sie auf der Grundlage der Basisinnovation den Markt verändern können.

Zusammenfassung der Strategie

Strategie Nr. 3: Etablierte Strukturen brechen

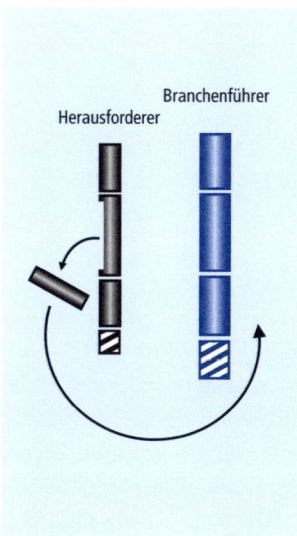

Die **Achillesferse** entsteht, wenn Branchenführer Basisinnovationen am Marktrand erkennen, aber in der Ausgangsstellung verharren und deren Chancen nicht konsequent nutzen.

Das **Neutralisierungsmanöver** führen Branchenführer selber durch, indem sie an etablierten Leistungsversprechen festhalten und ihre Ressourcen weiterhin im Marktzentrum konzentrieren.

Der Herausforderer geht zum **Angriffsmanöver** über, indem er die neue Basistechnologie am Marktrand frühzeitig erkennt, die eigenen Strukturen neu ausrichtet und ein alternatives Leistungsversprechen mithilfe der neuen Basistechnologie konsequent umsetzt.

Strategie Nr. 4:
Die Erwartungswelle antizipieren

Die Vorlage: Napoleon und die Schlacht von Austerlitz

Im Spätsommer 1805 war Napoleon Bonaparte von Gegnern umzingelt. In der »dritten Koalition« hatten sich zahlreiche Fürsten Europas zusammengeschlossen, um den Korsen vom Kaiserthron Frankreichs zu stoßen und die Folgen der Französischen Revolution zu revidieren. Wie kein Zweiter verkörperte Napoleon die Errungenschaften dieser Revolution – als Feldherr, Staatschef und Selfmademan. Aus kleinen Verhältnissen war er emporgestiegen, hatte den Volksaufstand gegen die Adelsherrschaft genutzt und seine Talente in den Dienst des Wandels gestellt. In unzähligen Schlachten hatte er die neue Gesellschaftsordnung Frankreichs verteidigt und seinen kometenhaften Aufstieg vom kleinen Offizier zum Kaiser der Franzosen befördert.

Doch trotz aller Erfolge waren die Existenz Frankreichs und vor allem die Zukunft seines Kaisertitels nicht gesichert. Denn die alten Dynastien Europas sahen im Newcomer Napoleon nur einen Emporkömmling und in seiner Herrschaft über Frankreich eine Bedrohung der Adelsprivilegien. Solange Napoleon in Frankreich regierte, konnten die Schockwellen der Französischen Revolution ganz Europa erfassen. Solange der Korse auf Frankreichs Thron saß, war die Macht der etablierten Adelsgeschlechter bedroht. Ihn zu stürzen und das alte Königshaus der Bourbonen wieder auf Frankreichs Thron zu hieven, war nicht nur aristokratische Pflicht, sondern politische Notwendigkeit. Es galt, das Übergreifen des Napoleon-Virus auf den Rest des Kontinents zu verhindern.

Unter der Führung des russischen Zaren und des österreichischen Kaisers fand sich eine Koalition europäischer Großmächte zusammen, um den Kampf aufzunehmen und die etablierte Ordnung in Europa wiederherzustellen. Die Ressourcen dieser Koalition waren beeindruckend, aber weit verstreut. Die Koalitionstruppen standen von Norddeutschland bis Italien verteilt und mussten zunächst mühsam zusammengezogen werden. Noch gravierender wog das Fehlen einer einheitlichen Strategie. Die Partner waren sich nur in Grundzügen darüber einig, wie Napoleon bezwungen werden sollte. Diese Unstimmigkeiten nutzte der französische Kaiser. Zügig mobilisierte er seine Armee in Nordfrankreich und eilte mit ihr in Gewaltmärschen durch halb Europa, dem Zentrum der gegnerischen Truppen entgegen. Nach einem Auftaktsieg bei Ulm folgte Napoleon der österreichischen Armee, die sich im Norden Wiens mit den russischen Truppen vereinigte. Die 70 000 Franzosen waren nun mit einer Übermacht von mehr als 100 000 Koalitionssoldaten konfrontiert.[75]

Napoleons Gegner ohne einheitliche Strategie

Die russisch-österreichische Streitmacht wurde vom russischen General Kutusow befehligt. Der besonnene Feldherr hätte die Schlacht gerne hinausgezögert, bis weitere Koalitionstruppen auf dem Schauplatz eingetroffen waren. Andererseits machte sich Kutusow keine Illusionen über die Erwartungshaltung seiner kaiserlichen »Stakeholder«. Kaiser Franz II. von Österreich und Zar Alexander I. von Russland brannten darauf, die Schmach von Ulm wettzumachen, und konnten es kaum erwarten, die alte Ordnung Europas wiederherzustellen. Beide Kaiser hatten sich persönlich zu ihren Truppen begeben, um den ersehnten Sieg über Napoleon mitzuerleben. Gegenüber General Kutusow ließ vor allem der russische Zar keine Zweifel an seinen Zielen aufkommen – benötigt wurde ein Triumph, der die Völker des Kontinents beeindruckte.[76]

Ein Feldherr unter Druck

Unter diesem Druck beschloss der russische Feldherr, Napoleon eine Entscheidungsschlacht zu liefern. Die Gegner strebten mit unwiderstehlicher Anziehungskraft aufeinander zu. Napoleon, der Selfmademan, war nur sich selbst und seinem Erfolg verpflichtet. General Kutusow hingegen hatte neben seinem militärischen Sachverstand auch die Erwartungshaltungen seiner Auftraggeber zu berücksichtigen. Diese unterschiedlichen Freiheitsgrade der Feldherren sollten einen entscheidenden Einfluss haben, als die Gegner am 2. Dezember 1805 in Austerlitz zusammentrafen und eine Schlacht austrugen, die als Napoleons größter Sieg in die Geschichte einging.

Der Plan von General Kutusow

Die gegnerischen Heere nahmen am Vorabend der Schlacht ihre Stellungen ein. General Kutusow besetzte als alter Hase eine erhöhte Position, um Napoleons Initiative abwarten zu können. Seine Schlachtreihe hatte er in einem Bogen auf der zentralen Pratzer Höhe aufgezogen (vgl. Abb. 22). Dieser Hügel war das Filetstück des Geländes, weil seine Hänge die Verteidigung erleichterten und gleichzeitig als ideale Startrampen für Angriffe in die umliegenden Geländesegmente dienen konnten. In dieser starken Zentralposition besaß Kutusow alle Vorteile. Er konnte Offensiven der Franzosen leicht abwehren und seine erhöhte Position nutzen, um schwungvolle Gegenangriffe durchzuführen. Mit der Pratzer Höhe beherrschte er das gesamte Gelände und hatte beste Aussichten, die Schlacht für sich zu entscheiden.

Die Achillesferse

Napoleon konnte die Logik der gegnerischen Aufstellung nachvollziehen und stimmte der Lagebeurteilung seines Gegenspielers zu. General Kutusow hatte das Kronjuwel des Geländes besetzt und befand sich in einer Ausgangsposition, die ihm alle Optionen offenhielt. Die Schlachtreihe des Russen war in ihrer Ausgangsform makellos und unbezwingbar. Falls die Koalitionstruppen in dieser Stellung verharrten, war die Schlacht für den französischen Kaiser verloren. Sollte Napoleon seinen Gegner jedoch dazu bewegen, die Pratzer Höhe zu räumen, würden sich die Gewichte verschieben. Wenn es den Franzosen gelang, den Hügel widerstandslos zu besetzen, würden sich ihre Erfolgschancen drastisch verbessern.

Abb. 22: Ausgangssituation

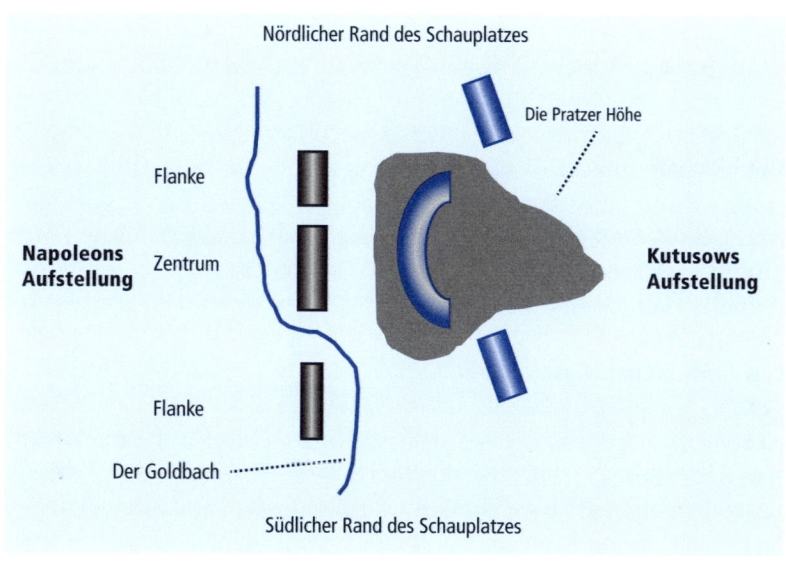

Nördlicher Rand des Schauplatzes

Die Pratzer Höhe

Flanke

Napoleons Aufstellung — Zentrum — **Kutusows Aufstellung**

Flanke

Der Goldbach

Südlicher Rand des Schauplatzes

Deshalb plante Napoleon, die Koalitionstruppen zu einer Neupositionierung zu verleiten. Dazu wollte er die Zielkonflikte seiner Gegner nutzen. Denn Napoleon durchschaute die Kaiser von Österreich und Russland recht gut und konnte richtig einschätzen, welchen Zwängen General Kutusow unterworfen war. Während der erfahrene Kutusow vermutlich in seiner überlegenen Position ausharren wollte, dräng-

> **Napoleons Plan: den Gegner zu einer Neupositionierung verleiten**

ten seine Auftraggeber wahrscheinlich auf den schnellstmöglichen Sieg. Diese Zwangslage seines Gegenspielers wollte Napoleon nun nutzen, um Kutusow ein unvorteilhaftes Tauschgeschäft anzubieten.[77]

Entsprechend formierte der Korse seine Armee in den Abendstunden vor der Schlacht. Er konzentrierte die französischen Truppen am nördlichen Flügel und im Zentrum. Der südliche Flügel wurde dagegen schwach besetzt und nahm entlang des Goldbachs eine Verteidigungsstellung ein (vgl. Abb. 22). Persönlich erläuterte Napoleon den Befehlshabern des südlichen Flügels, welche entscheidende Aufgabe am Schlachtfeldrand zu erfüllen war.

Seine Vorbereitungen krönte Napoleon mit einem diplomatischen Kunststück. Der französische Kaiser empfing den russischen Botschafter und zeigte sich im Gespräch ungewöhnlich unentschlossen. Er beklagte seine schlechte Ausgangsposition und deutete die Absicht an, in den nächsten Tagen abzuziehen.[78] Napoleon rechnete damit, dass diese Nachricht Zar Alexander zügig erreichen und General Kutusow weiter unter Druck setzen würde, umgehend zu handeln.

Das Neutralisierungsmanöver

Napoleons Schwachstelle auf dem südlichen Flügel war General Kutusow nicht entgangen. Trotz der anbrechenden Dunkelheit konnte der russische Feldherr klar erkennen, welche Chance auf einen schnellen Sieg sich nun am Schlachtfeldrand bot. Diese Achillesferse seines genialen Gegners stürzte Kutusow in eine Zwickmühle. Eigentlich rieten ihm Erfahrung, Instinkt und Feldherrenwissen dazu, seine starke Zentralposition auf der Pratzer Höhe zu halten und abzuwarten, wie Napoleon agieren würde. Denn vom Plateau des Pratzen konnte er Angriffe aus jeder Richtung abwehren und gezielt zurückschlagen, sobald Napoleon seine Absichten offenbarte. Andererseits kannte Kutusow die Erwartungshaltung seines Auftraggebers. Zar Alexander erwartete einen schnellen Sieg und zeigte kein Verständnis für Verzögerungen angesichts der Chance am Schlachtfeldrand.

Kutusow folgt den Erwartungen des Zaren

Diese unterschiedlichen Perspektiven prallten in einer dramatischen Nachtsitzung des Kriegsrates aufeinander. Bis in die frühen Morgenstunden setzten Zar Alexander und Vertreter des österreichisch-russischen Stabes den Feldherrn unter Druck und drängten ihn dazu, die Pratzer Höhe zu verlassen, um die Gelegenheit auf einen glänzenden Sieg wahrzunehmen. Vor allem der junge russische Zar wollte mit einem schneidigen Angriff die Überlegenheit der etablierten Monarchien über das System und den

Menschen Napoleon demonstrieren. Diese Ambitionen wurden durch Napoleons zögerliches Verhalten gegenüber dem russischen Botschafter weiter angestachelt.

Schließlich beugte sich Kutusow den Erwartungen seines Kaisers. Der russische Feldherr änderte seinen Plan und entschloss sich, die Zentralposition auf dem Pratzen zu räumen. Das Zentrum der Koalitionsarmee sollte nun in einer Umfassungsbegegnung die Pratzer Höhe verlassen, den Hügel nach Süden abwärtsstürmen und den schwachen Flügel der Franzosen überrennen, um anschließend der französischen Armee in den Rücken zu fallen (vgl. Abb. 23). Auf diese Weise würden die russisch-österreichischen Truppen Napoleons Schwachstelle am südlichen Flügel optimal ausnutzen.

Abb. 23: Kutusows neuer Plan

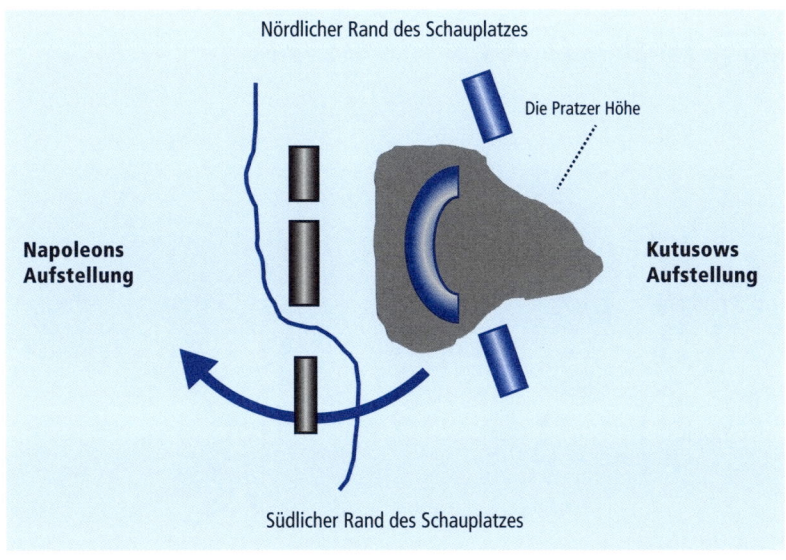

Im Licht der ersten Morgenstrahlen bot sich den erwartungsfrohen Kaisern ein beeindruckendes Panorama. Während die französische Armee noch vom Morgennebel umgeben war, reihten sich auf den sonnigen Höhenzügen des Pratzen die österreichischen und russischen Soldaten in ihren weißen, blauen und grünen Uniformen aneinander. Die Koalitionstruppen machten sich bereit, um ihre Chance am Schlachtfeldrand zu nutzen. In wenigen Augenblicken würde die gewaltige russisch-österreichische Streitmacht den Hügel hinabstürzen und den südlichen Flügel der Franzosen überrennen.

Unten im Tal ahnten Napoleons Soldaten bereits, welche Sturzflut in Kürze auf sie zurollen würde. Die Franzosen machten sich bereit, um den Ansturm der Gegner abzuwehren. Zum **Eine unerwartete Barriere** Trommelwirbel stürzten Zehntausende Russen und Österreicher den Hügel hinab, ergossen sich in einer gewaltigen Flutwelle gegen den südlichen Flügel der Franzosen – und stießen vor der französischen Stellung auf eine unerwartete Barriere (vgl. Abb. 24).

Abb. 24: Ablenkung am Rand, Freiraum im Zentrum

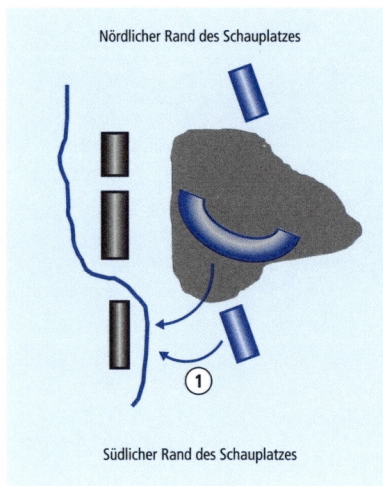
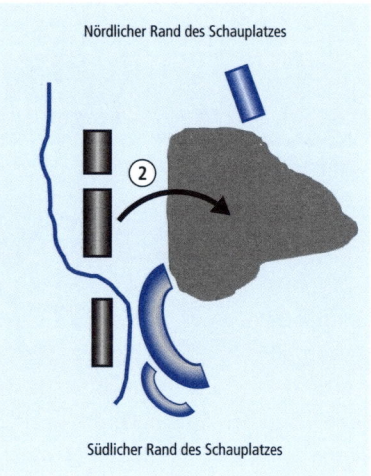

Der Goldbach hatte die umliegenden Wiesen aufgeweicht und in eine Schlammlandschaft verwandelt. Der Schwung des alliierten Angriffs erlahmte im Morast. Sofort bauten die Franzosen Gegendruck auf und versuchten, ihre Abwehrlinie zumindest eine Zeit lang gegen die gegnerische Übermacht zu halten. Der große Gegner drängte mit Macht in die französischen Stellungen. Doch Napoleons Soldaten bissen die Zähne zusammen und erfüllten ihre Aufgabe plangemäß – sie wussten, dass Napoleon inzwischen zum Entscheidungsschlag ausholte.

Das Angriffsmanöver

Napoleon hatte in der Mitte der Stellung abgewartet und die Bewegungen des Gegners durch sein Fernrohr beobachtet. Geduldig sah er zu, wie sich die Pratzer Höhe leerte und der Gegner zur Offensive am Schlachtfeldrand überging. Als Kutusow vollständig vom Hügel abgezogen war, gab Napoleon den Befehl zum Angriff. Das gesamte Zentrum der französischen Armee setzte sich in Bewegung, stürmte den Hügel hinauf und besetzte die verwaisten Stellungen in der Schlachtfeldmitte (vgl. Abb. 24). Wie in einer riesigen Drehtür rückten die Franzosen nach und lösten den Gegner auf der entscheidenden Zentralposition des Geländes ab.[79] Nur ein kleiner Teil der französischen Angreifer schwenkte nach Norden, um die Österreicher am nördlichen Flügel zu beschäftigen. Der Rest der Franzosen formierte sich auf der Pratzer Höhe zum Angriff, stürzte nun selbst den Hügel hinab und fiel den am Goldbach »versumpften« Gegnern in den Rücken (vgl. Abb. 25).

Von zwei Seiten bedrängt, brach die Ordnung der Koalitionstruppen auseinander. Weil unklar war, gegen welche Front sich die einzelnen Einheiten richten sollten, kam keine koordinierte Verteidigung zustande. Der Großteil der eingeschlossenen Truppen brach nach Süden aus und versuchte in einer chaotischen Fluchtbewegung zu entkommen (vgl. Abb. 25). Kutusow eilte seinen eingeschlossenen Truppen zu Hilfe und versuchte, mit der Gardereiterei des Zaren die Pratzer Höhe zurückzuerobern. Doch es war zu spät. Napoleon hatte genügend eigene Reiter in der Reserve, um diesen letzten Abwehrversuch abzufangen. Während sich die Russen über Hunderte

Napoleons größter Sieg

Kilometer zurückzogen, kapitulierte der österreichische Kaiser Franz II. innerhalb weniger Tage. Napoleon hatte seinen größten Sieg errungen.

Abb. 25: Napoleons Angriff

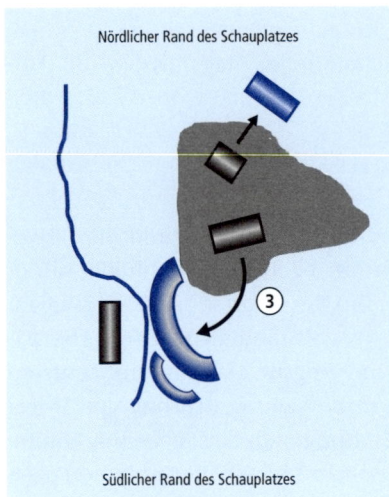
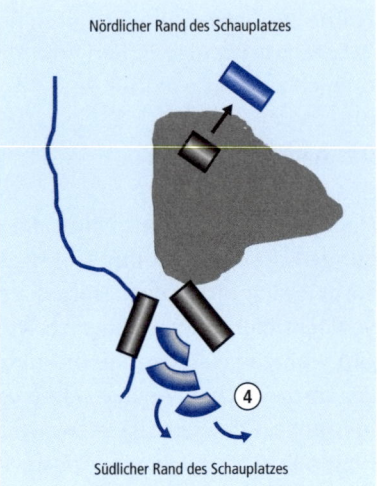

Die Strategieanalyse

Napoleons Triumph in Austerlitz wurde durch General Kutusows Neupositionierung eingeleitet. Der russische Feldherr hatte zunächst eine unschlagbare Stellung im Zentrum des Schauplatzes besetzt. Er gab diese überlegene Position jedoch freiwillig auf, um eine attraktiv wirkende Chance am Schlachtfeldrand wahrzunehmen. So konnte Napoleon ins gegnerische Zentrum vorstoßen, ohne auf Gegenwehr zu treffen. Anschließend wusste der Korse die Möglichkeiten der Pratzer Höhe zu nutzen, um seinem Wettbewerber in den Rücken zu fallen.

Ebenso stark wie die sichtbaren Vorgänge auf dem Schlachtfeld beeinflussten jedoch die tiefer liegenden Motive der beiden Wettbewerber den Schlachtausgang. Warum hat ein erfahrener Feldherr wie Kutusow den sicheren Sieg in der Schlachtfeldmitte gegen eine vermeintliche Chance am Schlachtfeldrand eingetauscht, die sich letztlich als Sackgasse entpuppte? Und weshalb war Napoleon so sicher, dass Kutusow diese fatale Neupositionierung einleiten würde?

Warum gab Kutusow seine überlegene Stellung auf?

Kutusow ging auf Napoleons Angebot am Schlachtfeldrand ein, weil er seine Strategie mit den Zielen seiner Auftraggeber in Einklang bringen musste. So war er nicht frei in seinen Entscheidungen. Im Gegensatz zu seinem Gegner hatte der russische General ein komplexes Zielsystem zu beachten. Als Oberbefehlshaber agierte er im Auftrag seiner beiden Kaiser, die ihre eigenen Vorstellungen besaßen und damit Kutusows Handlungsspielraum einschränkten. Die beiden Monarchen dachten weniger in den Kategorien militärischer Logik, sondern vielmehr auf der Ebene politischer Notwendigkeiten. Darum war ihnen nicht nur der Sieg an sich wichtig, sondern auch die Art und Weise, wie dieser Sieg erstritten wurde.

Um den Mythos Napoleon zu zerstören und dessen Strahlkraft als Symbol der Französischen Revolution zu beschädigen, brauchten die beiden Kaiser einen wahren Triumph – einen Sieg, der in der Offensive erkämpft wurde. Aus ihrem Blickwinkel war es inakzeptabel, die starke Position auf der Pratzer Höhe zu halten und Napoleons Angriff abzuwarten. Die beiden Monarchen wollten selbst die Initiative ergreifen und Napoleon mit einem schneidigen Angriff entzaubern. Vor allem der junge Zar Alexander verlangte einen glänzenden Sieg, mit dem er die Völker Europas beeindrucken konnte.

Neben militärischen Erwägungen, die ein Verbleiben auf der Pratzer Höhe nahelegten, musste Kutusow auch diese politischen Erwartungen seiner Auftraggeber berücksichtigen. Darum entschloss sich der russische General, seine starke Ausgangsstellung im Zentrum zu räumen und die vermeintliche Chance auf einen schnellen Sieg am Schlachtfeldrand wahrzunehmen. Die Tatsache, dass seine »Stakeholder« eigene Zielsetzungen verfolgten, schränkte seinen Handlungsspielraum ein und machte seine Aktionen für Napoleon in bestimmtem Maße vorhersehbar.

Napoleon nutzte diese Achillesferse aus, um die überlegene Ausgangsstellung seiner Wettbewerber zu schwächen. Als versierter Politiker
konnte er einschätzen, welche Faktoren seine kaiserlichen Gegner
umtrieben. Napoleon wusste, dass die Kaiser

**Der Einfluss externer
Erwartungen**

einem möglichen schnellen Triumph den Vor-
zug vor dem sicheren, aber langsamen Weg zum
Sieg geben würden. Darum präsentierte er eine
Chance am Schlachtfeldrand, die perfekt ihren
Zielvorgaben entsprach. Der Korse konnte damit rechnen, dass General
Kutusow dieses Angebot wahrnehmen würde, weil es das militärisch
Machbare mit dem politisch Erwünschten verknüpfte und auf diese
Weise die Ziele des russischen Feldherrn mit den Vorstellungen seiner
Auftraggeber in Einklang brachte.

Die französische Aufstellung zielte konsequent darauf ab, den Gegner
an den Schlachtfeldrand zu locken, um die entscheidende Position auf
der Pratzer Höhe kampflos einzunehmen und anschließend aus dieser überlegenen Position anzugreifen. Mit seinem schwachen Flügel
entlang des Goldbachs wählte Napoleon bewusst einen Köder, der
Kutusow auf den ersten Blick die Möglichkeit eines schnellen Sieges
anbot, sich bei näherer Betrachtung jedoch als sumpfige Sackgasse entpuppte, in der der gegnerische Angriff stecken blieb. So erhielt Napoleon ausreichend Raum und Zeit, um die frei gewordene Zentralposition auf der Pratzer Höhe einzunehmen und dem beschäftigten Gegner
in den Rücken zu fallen.

Hätte Zar Alexander seinen Feldherrn nicht zu einem Angriff am Rand
des Schauplatzes gedrängt, sondern seine Zentralposition genutzt, um
Napoleons Initiative zu kontern, wäre die Geschichte vielleicht anders
verlaufen. So aber mussten die europäischen Monarchen noch über
neun Jahre warten, bis sie am 15. Juni 1815 ihren finalen Sieg über
ihren kleinen, großen Gegner feiern konnten – in der Schlacht beim
belgischen Städtchen Waterloo.

Zusammenfassung

- Die **Achillesferse** entstand, weil General Kutusow einen eingeschränkten Handlungsspielraum besaß und die Zielsetzungen der beiden Kaiser bei seinen Entscheidungen berücksichtigen musste. Darum tauschte er seine langfristig unschlagbare Stellung in der Schlachtfeldmitte gegen die Chance auf einen schnellen Sieg am Schlachtfeldrand. So schuf er die entscheidende Lücke im Zentrum des Schauplatzes.

- Napoleon nutzte die Zwangslage seines Gegners, um ihn zu einer Neupositionierung zu verleiten. Sein **Neutralisierungsmanöver** bestand darin, eine vermeintliche Schwachstelle auf der Außenlinie anzubieten.

- Als sein Gegner darauf einging, rückte Napoleon zügig in die frei gewordene Zentralposition nach, formierte sich neu und schloss sein **Angriffsmanöver** ab, indem er dem Wettbewerber in den Rücken fiel.

Die Anwendung: ING-DiBa und das Privatkundengeschäft

Fallstudie: ING-DiBa

In den ersten Jahren des neuen Jahrtausends stieg die ING-DiBa (ING Direktbank) in die Spitzengruppe des deutschen Bankenmarktes auf. Als einige Branchenführer unter Druck der Kapitalmärkte ein zentrales Geschäftsfeld freigaben, um neue Chancen am Marktrand wahrzunehmen, rückte die ING-DiBa zügig nach und etablierte sich in der Marktmitte.

Die ING-DiBa ist eine Tochter des niederländischen Finanzkonzerns ING. Der Herausforderer führte lange Zeit ein beschauliches Dasein im deutschen Bankenmarkt, der über Jahrzehnte von deutlich größeren Wettbewerbern wie der Deutschen Bank geprägt wurde.[80] Die Branchenführer waren historisch fest im Marktzentrum verankert und konzentrierten sich als Hausbanken ihrer Firmen- und Privatkunden auf klassische Finanzdienstleistungen. Das angelsächsisch geprägte Investmentbanking, bei dem die Banken direkt an den internationalen Finanzmärkten agieren, spielte im deutschen Markt hingegen lange Zeit eine Nebenrolle.[81]

In Deutschland lange ein Randsegment: das Investmentbanking

Um die Jahrtausendwende zwang die internationale Marktentwicklung jedoch einige der deutschen Großbanken zu einer strategischen Fokusverschiebung.[82] Unter dem Druck der Kapitalmärkte beschlossen die betroffenen Branchenführer, ihre Geschäftsmodelle neu auszurichten. Sie entfernten sich vom etablierten Privatkundengeschäft in der Marktmitte (vgl. Abb. 26), um neue Chancen an den Markträndern zu nutzen.[83] Diese strategische Neujustierung wurde notwendig, weil die Profitabilität der deutschen Banken im weltweiten Vergleich hinterherhinkte. Über die Jahre hatten sich internationale Bankenriesen gebildet, die deutlich profitabler waren als ihre deutschen Konkurrenten.[84] Darum waren die deutschen Branchenführer auf der Weltrangliste der wertvollsten Banken abgerutscht und hatten ihre Spitzenplätze eingebüßt. So fiel die Deutsche Bank – gemessen am Börsenwert – innerhalb weniger Jahre von Platz 1 auf Platz 20 zurück.

Einen Hauptgrund für die geringere Profitabilität der deutschen Großbanken stellte das Geschäftsmodell der internationalen Konkurrenz dar. Im Vergleich zu den deutschen Spitzeninstituten waren vor allem amerikanische Banken viel stärker im Investmentbanking engagiert.[85] Diese Aktivitäten an den internationalen Börsen waren zwar riskanter als die klassischen Bankgeschäfte der Deutschen, aber auch deutlich profitabler. Entsprechend höher waren die Renditen und damit die Unternehmensbewertungen der internationalen Konkurrenz.

Abb. 26: Wie die ING-DiBa in das Marktzentrum nachrückte

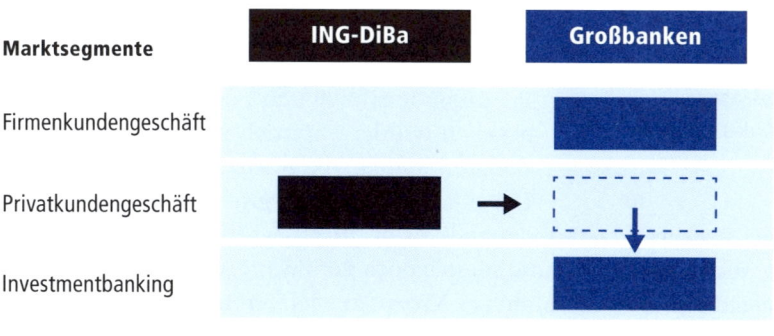

Die deutschen Großbanken gerieten unter den Druck der Anleger, sich neu auszurichten und ihre Profitabilität auf das Niveau der internationalen Konkurrenz zu heben. Aus einer übergreifenden Perspektive der Existenzsicherung waren diese Forderungen der Investoren durchaus berechtigt. Denn aufgrund ihres relativ niedrigen Börsenwertes waren die deutschen Großbanken mit der Gefahr einer Übernahme durch die wertvolleren internationalen Konkurrenten konfrontiert.[86] Um ihre Unabhängigkeit zu sichern und das Risiko einer Übernahme abzuwenden, mussten die Großbanken die Erwartungen der Kapitalmärkte erfüllen, ihre Profitabilität zügig erhöhen und ihren Börsenwert auf internationale Größenordnungen steigern. Das sichere, aber vergleichsweise ertragsschwache Privatkundengeschäft schien hierfür keine geeignete Quelle zu sein. Eine schnelle Profitabilitätssteigerung ließ sich jedoch durch die Neuausrichtung auf das Investmentbanking erreichen.

Vor diesem Hintergrund beschlossen einige Großbanken, die Grenzen der etablierten Marktsegmente zu überschreiten und die Chancen des internationalen Kapitalmarktgeschäfts wahrzunehmen. Konsequent erweiterten sie die eigenen Investmentbanking-Abteilungen und erwarben internationale Investmentbanken wie Bankers Trust, Kleinwort Benson oder Wasserstein Perella. Insbesondere der Branchenprimus, die Deutsche Bank, etablierte eine erfolgreiche Investmentbanking-Sparte in London.[87]

Gleichzeitig rückte das bisherige Kerngeschäft mit Privatkunden für zahlreiche Institute an den Blickfeldrand. Aufgrund der Fokusverschiebung wurden in diesem Marktsegment vor allem Maßnahmen zur Kostenoptimierung umgesetzt. Immer wieder gab es Spekulationen, ob einzelne Banken die Privatkundenaktivitäten ausgliedern oder ganz abgeben würden, um sich voll auf das internationale Kapitalmarktgeschäft zu konzentrieren.

Neuorientierung der Branchenführer

Dabei konnte die strategische Sinnhaftigkeit einer starken Privatkundenbasis nicht grundsätzlich in Abrede gestellt werden. Im Vordergrund stand jedoch der Zwang, die Eigenkapitalrendite zügig auf internationales Niveau zu steigern und die Erwartungshaltung der Kapitelmärkte zu erfüllen. So geriet das Privatkundengeschäft in den Hintergrund.

Diese Neuausrichtung einiger Branchenführer nutzte die ING-DiBa, um ins Marktzentrum nachzurücken und das quasi verwaiste Privatkundensegment zu besetzen. Der Herausforderer konzentrierte sich auf jene Kundengruppen, die von den Konkurrenten aus übergeordneten Gründen wenig beachtet wurden. So spezialisierte sich die ING-DiBa auf Tagesgeldkonten und das unspektakuläre Geschäft mit Baufinanzierungen. Mit attraktiven Angeboten und innovativen Kampagnen gingen die ING-DiBa-Manager auf Kundenjagd und besetzten in Rekordzeit die frei gewordene Position in der Marktmitte.

Die ING-DiBa rückt ins Marktzentrum nach

Der wirtschaftliche Erfolg der Nachrückstrategie war – begünstigt durch die strategische Ablenkung der Großbanken – beachtlich. Innerhalb weniger Jahre kletterte die Zahl der ING-DiBa-Kunden von drei auf sieben Millionen. Gleichzeitig achtete die ING-DiBa auf schlanke Strukturen, um ihre Profitabilität sicherzustellen.[88]

Das Timing des Herausforderers erwies sich als optimal. Gerade als die ING-DiBa ihre Position im Privatkundengeschäft gefestigt hatte, änderte sich die Gesamtlage an den internationalen Kapitalmärkten auf dramatische Weise. Im Jahr 2007 platzte eine Spekulationsblase am US-Immobilienmarkt. In der Folge brach mit dem Konkurs der Investmentbank Lehmann Brothers eine Finanzkrise an den Kapitalmärkten aus und verschob das strategische Zielsystem der Bankenlandschaft. Schlüsselpriorität besaß jetzt nicht mehr die Kapitalmarktbewertung – sondern die Kapitalbeschaffung.

Aufgrund der Kapitalmarktkrise hatten die Banken Probleme, ihre Geldmittel direkt an den Finanzmärkten aufzunehmen. Plötzlich rückte das langweilige, aber vergleichsweise risikoarme Geschäft mit Privatkunden als Refinanzierungsquelle der Banken wieder in den Fokus. Nun besaßen jene Unternehmen einen Vorteil, die zur Aufnahme liquider Mittel auf die Einlagen einer breiten Privatkundenbasis zugreifen konnten. Positiv beurteilt wurden Finanzinstitute, die sich sicher und günstig jenseits des Kapitalmarktes refinanzieren konnten – über die Konten möglichst vieler Kunden. So erlebte das Privatkundengeschäft seine Renaissance.

Viele Banken orientierten sich neu und strebten in die Mitte ihres Heimatmarktes zurück, um ihre alte Position im Privatkundensegment wieder einzunehmen.[89] Auch die Deutsche Bank beendete hartnäckige Spekulationen um einen möglichen Verkauf ihrer Privatkundensparte. Stattdessen übernahm der Branchenprimus im Jahr 2010 die Mehrheit an der auf Privatkunden spezialisierten Postbank, um seine strategische Stellung im Privatkundengeschäft zu stärken.[90] Allerdings hatte die ING-DiBa inzwischen eine verteidigbare Wettbewerbsposition in diesem Marktsegment aufgebaut. Die Karten für den nächsten Branchenzyklus waren neu gemischt.

Zusammenfassung

Wie Napoleon war auch die ING-DiBa mit großen Wettbewerbern konfrontiert, die eine **Achillesferse** schufen, indem sie eine Position im Schauplatzzentrum freigaben. Externe Erwartungen an die Branchenführer wirkten als **Neutralisierungsmanöver** und verzögerten deren Gegenmaßnahmen. So konnte die ING-DiBa ein **Angriffsmanöver** im Stil Napoleons durchführen und erfolgreich ins Privatkundensegment nachrücken.

Die Achillesferse: Im Fokus externer Erwartungen

Immer wieder verlassen Branchenführer ihre etablierte Wettbewerbsposition, um attraktiver wirkende Chancen am Marktrand wahrzunehmen. So schaffen sie Lücken im Marktzentrum, die Herausforderer für ihre Wachstumsinitiativen nutzen können. Diese Achillesferse entsteht, weil viele Branchenführer ihre Positionierung nicht frei wählen können, sondern die Ziele verschiedener Interessengruppen bei ihren Entscheidungen berücksichtigen müssen.

Während Nischenanbieter oft in Privatbesitz sind und ihre Geschäftsstrategie abgeschirmt von Öffentlichkeit, Analysten und Kapitalmärkten verfolgen, stehen börsennotierte Branchenführer im Mittelpunkt des Interesses von Finanzmärkten und Investoren. Das Management dieser Großunternehmen ist mit einem breiten Spektrum von Erwartungen konfrontiert und steht vor der komplexen Aufgabe, die Perspektiven seiner unterschiedlichen Stakeholder mit der Unternehmensstrategie in Einklang zu bringen.

Allen voran üben die Kapitalmärkte einen entscheidenden Einfluss auf die Bewertung und die Strategie dieser Unternehmen aus. Werden Branchenführer beispielsweise in einen Börsenindex wie den DAX oder den Dow Jones aufgenommen, rücken sie fast automatisch in den Fokus der Analysten und auf die Prioritätenliste institutioneller Anleger und großer Investmentfonds. Diese Anleger betrachten das Unternehmen legitimerweise mit eigenen Erwartungen.[91]

Ein Branchenführer wie die Deutsche Bank steht darüber hinaus nicht nur im Fokus der Kapitalmärkte, sondern als nationales Symbol und zentrales Element der Volkswirtschaft im Fokus der Medien, der Öffentlichkeit und der Politik. Je größer, bekannter und prominenter ein Unternehmen ist, desto stärker sind in der Regel diese externen Erwartungen und Sachzwänge ausgeprägt. Einem solchen externen Druck sind Herausforderer – insbesondere im Fall inhabergeführter Unternehmen – seltener ausgesetzt.

Dieses komplexe Zielsystem schränkt die Entscheidungsspielräume der Betroffenen ein und schafft Schwachstellen, sobald neue Geschäftschancen am Marktrand auftauchen. Denn die Bewertung dieser Chancen baut sich an den Finanzmärkten häufig in Form einer Erwartungswelle auf, die kapitalmarktorientierte Branchenführer auf charakteristische Weise zu zyklischen Neuausrichtungen zwingt.

Immer wieder entstehen an den Markträndern neue Trends, die Wachstumspotenziale versprechen und eine Zeit lang die etablierten Geschäfte im Marktzentrum in den Schatten stellen. Solche Geschäftschancen werden beispielsweise durch neue Basistechnologien, Geschäftsmodelle oder geografische Märkte geschaffen. Diese Trends stoßen an den Kapitalmärkten häufig einen dreistufigen Bewertungszyklus an, der die Strategie vieler Branchenführer maßgeblich beeinflusst (vgl. Abb. 27):

Das Phänomen der Erwartungswelle

- In **Phase 1** der Wellenbewegung werden neue Trends am Marktrand (beispielsweise Technologieentwicklungen) häufig unterschätzt, weil sie zunächst nur einen Bruchteil des Marktes ansprechen und ihr volles Wachstumspotenzial noch nicht offenbaren. In dieser Frühphase ist der neue Trend lediglich ein Insiderthema für Nischenanbieter und bewegt sich oft »unter dem Radar« der Kapitalmärkte. Branchenführer stehen kaum unter externem Druck, die neue Entwicklung aufzunehmen. Wie Herausforderer die Chancen dieser Startphase nutzen können, wurde bereits im Kontext der dritten Strategie (»*Etablierte Strukturen brechen*«) beschrieben.

- In **Phase 2** schwenkt das Erwartungspendel der Kapitalmärkte oft in die Gegenrichtung, weil Herausforderer und Nischenanbieter den neuen Trend aufgenommen haben und erste Wachstumserfolge vorweisen können. Nun kommt es an den Finanzmärkten zu einer Neubewertung des Trends. In einer entgegengesetzten Bewegung zur Startphase fokussieren sich viele Anleger auf den Überraschungserfolg am Marktrand. Die etablierten Geschäftsfelder in der Marktmitte wirken im Vergleich dazu weniger interessant. Branchenführer geraten in dieser Phase unter Druck, die scheinbar verpasste Entwicklung nachzuholen und sich neu zu positionieren, um die Chancen des neuen Geschäftsfeldes zu verwerten.

- Erst in **Phase 3** pendeln sich die Erwartungen schließlich auf einem realistischen Niveau ein, weil nun genügend empirische Daten vorliegen, um die Chance am Marktrand objektiv einschätzen zu können.

Abb. 27: Die Erwartungswelle

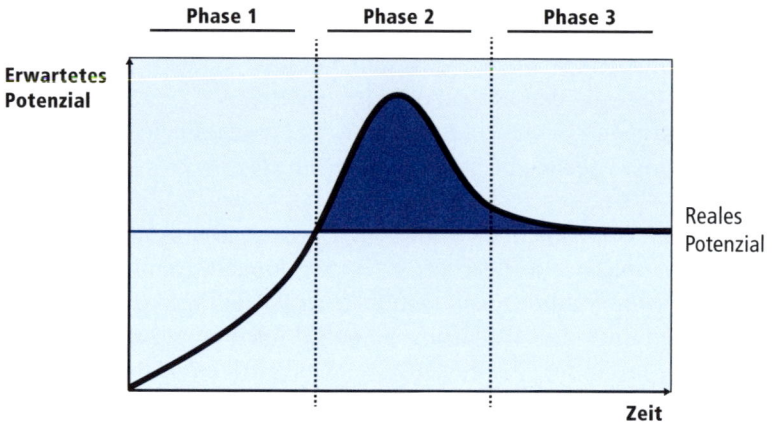

Branchenführer befinden sich angesichts einer solchen Entwicklung in der gleichen Lage wie General Kutusow in Austerlitz. Sobald die Erwartungen aufgebaut sind, stehen sie unter massivem Druck, das Marktzentrum zu verlassen und die neuen Chancen am Marktrand wahrzunehmen. Dabei muss dieser Druck der Anleger die Branchenführer nicht unbedingt in eine Sackgasse führen, sondern setzt häufig wertvolle Strategieimpulse. So hat die Entscheidung der deutschen Großbanken für das Investmentbanking deren Profitabilität zum Teil deutlich gesteigert und zumindest die Deutsche Bank gehörte bereits nach wenigen Jahren zur Weltspitze auf diesem Gebiet.[92] Die Achillesferse entsteht erst, wenn Branchenführer der Wellenbewegung uneingeschränkt folgen, ihre Neupositionierung unter dem externen Druck übersteuern, ihre etablierte Marktposition im Marktzentrum vernachlässigen und auf diese Weise eine Lücke schaffen, die Herausforderer für Wachstumsinitiativen nutzen können.[93]

Das Neutralisierungsmanöver: Unterschiedliche Prioritäten

Wenn Branchenführer den Erwartungswellen der Kapitalmärkte folgen, unternehmen sie häufig zu wenig gegen nachrückende Wettbewerber, weil ihre Fähigkeiten zur Verteidigung etablierter Segmente durch die Prioritäten der Kapitalmärkte neutralisiert werden. So erhalten Herausforderer die Chance, unbedrängt ins Marktzentrum vorzustoßen.

In Austerlitz konnte Napoleon unbedrängt das gegnerische Zentrum einnehmen, weil General Kutusow bis zum Schluss den Prioritäten seiner Kaiser folgte und den Siegeschancen am Schlachtfeldrand eine höhere Bedeutung einräumte als der Verteidigung und Wiedereroberung des Zentrums. Die überlegenen Truppen der Koalition waren durch die klaren Vorgaben ihrer Auftraggeber an den Schlachtfeldrand gebunden und während Napoleons Angriff wirksam neutralisiert. So konnte Napoleon seine Position auf der zentralen Pratzer Höhe in Ruhe etablieren und sich für die nächsten Schritte ausrichten.

Ähnlich verhalten sich auch viele kapitalmarktorientierte Branchenführer im Verlauf einer Erwartungswelle. Sie fokussieren sich auf ihre aktuellen Chancen am Marktrand und verzichten darauf, die Kerngeschäftsfelder im Zentrum entschlossen zu verteidigen. Teilweise unterstützen sie ihre Wettbewerber sogar, indem sie einen Verkauf etablierter Geschäftsfelder in Erwägung ziehen. So entsteht ein Zeitfenster, das Herausforderer für ihre Offensiven nutzen können.

Dieses Verhalten der Branchenführer wird durch die Bewertungslogik der Börsen bestimmt. Neue Trends wecken auf dem Höhepunkt einer Erwartungswelle jene Wachstumsfantasien, die das gesättigte Kerngeschäft im Marktzentrum zumeist nicht bieten kann. Diese Aussicht auf künftiges Wachstum ist eine der wertvollsten Währungen, die an Börsen gehandelt wird. Sie bestimmt in erheblichem Maße den Börsenwert der Unternehmen.[94] Entsprechend wichtig ist es den Kapitalmärkten, dass Branchenführer diese neuen Wachstumschancen am Marktrand konsequent nutzen. Die Verteidigung der profitablen, aber gesättigten Segmente im Marktzentrum scheint aus der Perspektive künftigen Wachstums weniger

Wachstumserwartungen bestimmen das Abwehrverhalten

wichtig zu sein. Darum werden Branchenführer im Verlauf einer Erwartungswelle häufig danach beurteilt, wie entschlossen sie die neuen Trends am Marktrand aufgreifen, und nicht danach, ob sie Marktanteilsverluste in den ohnehin gesättigten Kernsegmenten des Marktes verhindern. Positive Einschätzungen erhalten jene Unternehmen, die sich möglichst konsequent ausrichten, und nicht jene, die zwischen der Eroberung neuer und der Verteidigung etablierter Segmente hin- und herschwanken.

Mit Rücksicht auf ihre Unternehmenswertentwicklung entscheiden sich viele Branchenführer dafür, dieser Bewertungslogik zu folgen und einen Marktanteilsverlust im wachstumsschwachen Marktzentrum zu akzeptieren, um sich voll auf die wachstumsstarken, den Börsenwert bestimmenden Chancen am Marktrand zu konzentrieren. Solange sich die Erwartungen an die neuen Trends nicht auf einem realistischen Niveau einpendeln, besitzt die Verteidigung der etablierten Geschäftsfelder gegen Herausforderer eine geringere Priorität. Häufig unterstützen die Branchenführer ihre Herausforderer sogar bei der Eroberung etablierter Segmente – durch den Verkauf von Unternehmensteilen. So sind ihre Abwehrkräfte im Marktzentrum bis zum Ausrollen der Erwartungswelle neutralisiert. Ihre Ressourcen und ihr Management bleiben wie in Austerlitz auf die Chancenauswertung ausgerichtet. Die Reaktion auf einen Vorstoß in die Marktmitte fällt dann verzögert aus und setzt verstärkt erst in Phase 3 der Erwartungswelle ein.

Darum können Herausforderer auf dem Höhepunkt der Erwartungswelle relativ unbedrängt in profitable Kernsegmente des Marktes vorrücken und ihre Wettbewerbsposition konsolidieren. In diesem Zeitraum erhalten sie die Möglichkeit, bei der Repositionierung aus dem Fokus geratene Geschäftsfelder zu erobern, ohne mit der sonst üblichen Gegenwehr der Branchenführer konfrontiert zu werden. Die Periode der Neutralisierung endet erst, wenn sich in Phase 3 der Erwartungswelle eine realistische Einschätzung der Wachstumschancen am Marktrand durchsetzt und eine Rückbesinnung auf das etablierte Kerngeschäft im Einklang mit der Kapitalmarktsicht steht. Dann haben auch kapitalmarktorientierte Branchenführer einen größeren Spielraum, um den Fokus wieder auf die Verteidigung des Marktzentrums zu richten. In vielen Fällen haben die Herausforderer dann jedoch bereits eine stabi-

le Wettbewerbsposition aufgebaut und können diese Position wirksam
verteidigen.

Beispiel:

Diesen Neutralisierungseffekt konnte die ING-DiBa für ihren Vorstoß ins deutsche
Privatkundengeschäft nutzen. Unter normalen Umständen hätte der Herausforderer mit einem solchen Vorstoß nur beschränkte Chancen auf Marktanteilsgewinne
gehabt. Denn in wenigen Industrien sind die Branchenführer gegenüber Herausforderern so stark im Vorteil wie im Bankensektor. Viele Kunden sind bei der Wahl ihrer
Bank sehr konservativ, vermeiden nach Möglichkeit einen Anbieterwechsel und sind
ihren Instituten gegenüber häufig über lange Zeit loyal. In solch einem Umfeld fällt
die Verteidigung einer etablierten Marktposition grundsätzlich leicht. Die ING-DiBa
konnte auch deshalb erfolgreich in dieses schwierige Terrain vorstoßen, weil die
Konkurrenten auf die Chancen des Investmentbankings ausgerichtet waren und die
Verteidigung des Privatkundengeschäfts im direkten Vergleich mit der Expansion an
den Markträndern verhaltener behandelten. Die Neutralisierung der Branchenspitze
durch die Prioritäten der Kapitalmärkte half der ING-DiBa, den erfolgreichen Vorstoß
in so kurzer Zeit durchzuführen. Mit dem Beginn der Kapitalmarktkrise rückte die
Entwicklung im etablierten und zwischenzeitlich aus dem Fokus geratenen Privatkundengeschäft wieder ins Blickfeld der Kapitalmärkte und Branchenführer – allerdings zu spät, um die ING-DiBa wieder aus dem Marktzentrum zu verdrängen, wo
sich der Herausforderer in der Zwischenzeit etabliert hatte.

Dieses Wechselspiel der Prioritäten zwischen verlockenden, aber un-
sicheren Wachstumschancen am Marktrand und sicheren Geschäftsfeldern in der Marktmitte neutralisiert in regelmäßigen Abständen die
Gegenwehr mancher Branchenführer und ermöglicht es Herausforderern, relativ unbedrängt ins Marktzentrum vorzustoßen, um dort eine
verteidigbare Position aufzubauen.

Das Angriffsmanöver: Die Nachrückstrategie

Wenn Branchenführer dem Zyklus der Erwartungswellen folgen, können Herausforderer die entstehenden Freiräume für ihre Wachstumsinitiativen nutzen. Die Grundidee besteht darin, antizyklisch zu handeln und zügig in etablierte Kernsegmente nachzurücken, sobald große Wettbewerber dem Kapitalmarktdruck nachgeben und an die Marktränder ausweichen, um aktuelle Geschäftschancen wahrzunehmen.

Die drei Schritte das Angriffsmanövers

Da das Zeitfenster für einen solchen Vorstoß ins Marktzentrum durch die Dauer der Erwartungswelle begrenzt ist, sollten Herausforderer das Wann, Wo und Wie dieses Vorhabens systematisch vorbereiten, um die Offensive im richtigen Moment so zügig wie möglich auslösen zu können. Es gilt, das Angriffsmanöver abzuschließen, bevor die Erwartungswelle ausrollt und die Branchenführer sich wieder der Verteidigung etablierter Segmente zuwenden. Dazu sollten Herausforderer ein dreistufiges Angriffsmanöver durchführen. Es geht darum, entscheidende Trends frühzeitig zu erkennen, die Zielsegmente im Marktzentrum präzise zu definieren und den adressierbaren Teil dieser Segmente gezielt anzusprechen.

Geschwindigkeit ist der entscheidende Faktor

Schritt 1: Den Aufbau der Erwartungswelle frühzeitig erkennen

Die Nachrückstrategie lebt vom richtigen Timing. Denn der Vorstoß ins Marktzentrum soll ohne Gegenwehr der Branchenführer erfolgen. Es kommt darauf an, rechtzeitig jene Trends zu identifizieren, die Erwartungswellen an den Börsen auslösen und kapitalmarktorientierte Branchenführer an den Marktrand mitreißen. Zusätzlich gilt es den genauen Zeitpunkt wahrzunehmen, an dem die Branchenführer mit der Neupositionierung beginnen, um die Trends an den Außenbahnen des Marktes zu nutzen.

Ausgangspunkte zukünftiger Erwartungswellen können sowohl einmalige Ereignisse als auch zyklische Entwicklungen sein, die in vielen

Branchen regelmäßig wiederkehren. Achten Sie vor allem auf folgende Trends, denen Branchenführer an die Marktränder folgen:

- **Überraschungserfolge:** Innovationen in Marktnischen können Trends auslösen, die das gesamte Branchengefüge verändern und die Industriegrößen unter Handlungsdruck setzen. Beispiel: Amazon löste mit seinem Internet-Geschäftsmodell eine Erwartungswelle aus, die auch etablierte Handelsriesen erfasste.

- **Internationale Leitmärkte:** Märkte mit Vorbildcharakter setzen wichtige Impulse, die sich weltweit ausbreiten und zeitverzögert auf nachgelagerte Märkte überschwappen. Beispiel: Die Entwicklung sozialer Netzwerke im Internet folgte in vielen Märkten den Trends und Vorgaben auf dem US-Markt.

- **Branchenkonsolidierung:** Viele Industrien folgen einem universellen Lebenszyklus, den auch die Branchenspitze durchläuft. Sobald die drei größten Unternehmen der Branche den Großteil des Marktes unter sich aufgeteilt haben, schwenkt der Wachstumsfokus häufig aus dem Zentrum an die Marktränder.[95]

- **Konjunkturentwicklung:** Zahlreiche Branchentrends sind an die Konjunkturentwicklung gekoppelt. Im Abschwung stehen Branchenführer besonders stark unter Druck, sich nach Wachstumstreibern am Marktrand umzusehen. Zieht die Wirtschaft wieder an, kann dies eine gegenläufige Erwartungswelle an den Kapitalmärkten auslösen. Beispiel: In der Stahlindustrie beeinflussten über viele Jahre ausgeprägte Konjunkturzyklen die Attraktivität der unterschiedlichen Geschäftsfelder.[96]

Ob diese Entwicklungen tatsächlich Erwartungswellen auslösen und Branchenführer zu Neupositionierungen bewegen, kann man häufig erkennen, bevor die Branchenführer handeln – am Stand der vorgelagerten Kapitalmarktdiskussion. Achten Sie dazu auf die Verlautbarungen und Meinungsäußerungen von Analysten, Investoren und anderen Akteuren der Finanzmärkte. Analysieren Sie die Berichterstattung in den öffentlichen Medien, um den Zeitpunkt abzupassen, an dem sich die Unterbewertung des Trends in eine Überwertung umkehrt und die Erwartungswelle sich aufbaut. Werten Sie hierzu auch die externe Kommunikation der Branchenführer aus, weil diese Unternehmen ihre Stakeholder häufig über öffentliche Kanäle über ihre Neupositionierungen informieren.[97]

Die Analyse dieser Entwicklungen und ihrer Kapitalmarktbewertung dient im Rahmen der Nachrückstrategie nicht dazu, das eigene Unternehmen auf die neuen Trends auszurichten, sondern sich komplementär zu den Branchenführern zu verhalten. Es geht darum, den Zeitraum zu nutzen, in dem die Branchengrößen dem neuen Trend folgen, um in die entstehende Lücke im Marktzentrum zu stoßen. Für diesen Augenblick sollte bereits präzise festgelegt sein, wohin genau der Vorstoß erfolgt.

Schritt 2: Das Zielsegment präzise definieren

Nachdem jene Trends identifiziert wurden, die sich zu Erwartungswellen auftürmen können, gilt es im zweiten Schritt der Nachrückstrategie die optimalen Zielsegmente für den Vorstoß ins Marktzentrum zu bestimmen. Um die Erfolgschancen zu optimieren, sollten Herausforderer das Zielsegment für einen solchen Vorstoß à la Napoleon anhand folgender Kriterien auswählen (vgl. Abb. 28).

Potenzielle Zielsegmente der Wachstumsoffensive sollten möglichst wenig Aufmerksamkeit erregen und nicht von den Trends der Erwartungswellen betroffen sein. Je weniger Fantasien das Zielsegment angesichts einer Erwartungswelle an den Kapitalmärkten auslöst, desto naheliegender ist es, dass die betroffenen Branchenführer sich einer Wettbewerbsoffensive nicht entgegenstellen. Optimal geeignet für einen antizyklischen Vorstoß sind die sogenannten Cashcows des Marktes, also jene etablierten Segmente im Marktzentrum, die eine vernünftige, über Jahre bewiesene Profitabilität besitzen, aber vollständig gesättigt sind und aus Sicht der Analysten kaum Wachstumsperspektiven eröffnen. Bei solchen Geschäftsfeldern besteht die Aussicht, dass sie im Laufe einer Erwartungswelle aus dem Fokus der Branchenführer geraten. Dennoch bieten diese Segmente Herausforderern bei einem Angriff sinnvolle Erträge.

Abb. 28: Zielsegmente für den Vorstoß ins Marktzentrum

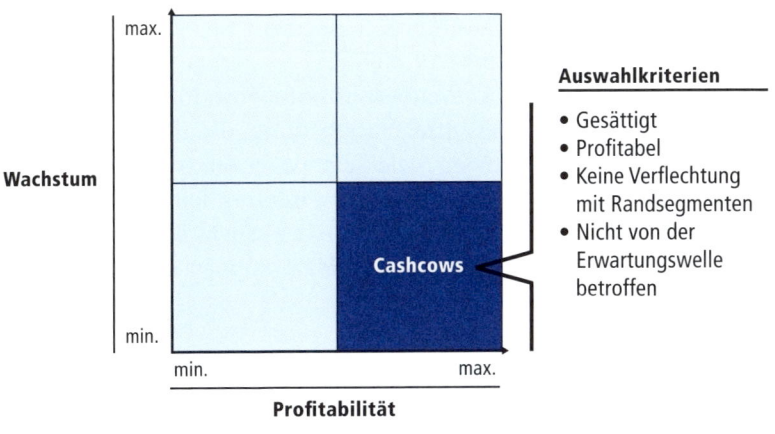

Beispiel:

Die ING-DiBa konzentrierte sich bei ihrem erfolgreichen Vorstoß im deutschen Markt auf klassische Bankdienstleistungen für Privatkunden, die bei Investoren kaum Fantasien weckten, als ertragsschwach galten und vom Trend zum Investmentbanking wenig betroffen waren. Gleichzeitig gab es kaum Überschneidungen zwischen den Zielkunden der ING-DiBa und den Kundengruppen des boomenden Investmentbankings. Dank dieser gezielten Segmentauswahl konnte die ING-DiBa bei ihrem Vorstoß damit rechnen, dass die Gegenwehr der Branchenführer begrenzt sein würde.

Schritt 3: Die weiche Flanke identifizieren, um Kunden effizient abzuwerben

Im dritten Schritt der Nachrückstrategie geht es darum, Vorbereitungen zu treffen, um zügig in das identifizierte Zielsegment nachzurücken, sobald die Branchenführer ihre etablierte Marktposition verlassen. Ziel sollte es sein, im festgelegten Kundensegment so schnell wie möglich Marktanteile zu gewinnen und das Angriffsmanöver abzuschließen,

bevor die Erwartungswelle ausläuft und die Branchenführer ins Marktzentrum zurückschwenken.

Da es sich bei dem ausgewählten Zielsegment um einen gesättigten
Marktbereich handelt, kann der angestrebte Marktanteilsgewinn nur
durch die Akquisition von Wettbewerbskunden erfolgen. Angesichts
des Zeitdrucks ist es von zentraler Bedeutung, die tatsächlich adressierbaren Wettbewerbskunden gezielt anzusprechen (vgl. Abb. 29). Die
Aktivitäten und Ressourcen des Herausforderers sollten von Beginn
an auf jenen Teil des Zielsegments gelenkt werden, der grundsätzlich
wechselwillig ist und keine ausgeprägte Marken- oder Anbieterloyalität
zeigt.

Abb. 29: Adressierbares Potenzial des Zielsegments

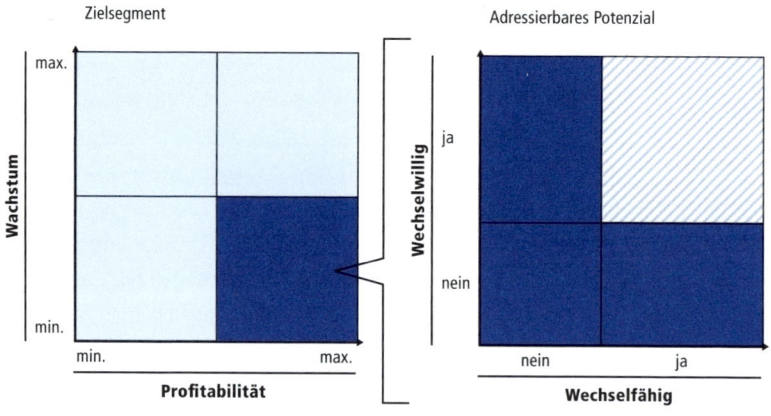

Herausforderer können die Tatsache nutzen, dass der Anteil wechsel-
williger Wettbewerbskunden im Laufe der Erwartungswelle wächst,
weil die Kunden die Fokusverlagerung ihres Anbieters durchaus wahrnehmen können – beispielsweise an der Abnahme der Servicequalität,
an Sparmaßnahmen zulasten der Kundenleistung oder an ausbleiben-
den Investitionen. Darum ist das adressierbare Potenzial in der Phase
der Neupositionierung nicht nur leichter zugänglich, sondern auch größer. Achten Sie weiterhin darauf, dass die angesprochenen Zielkunden

nicht nur wechselwillig, sondern auch wechselfähig und nicht etwa durch längere Vertragsverhältnisse an einen der Branchenführer gebunden sind.

Ermitteln Sie anschließend die wesentlichen Wechseltreiber dieser Zielgruppe. Dabei handelt es sich um jene Kriterien, die zu einem Anbieterwechsel beitragen. Richten Sie ihre Leistungsangebote auf diese Wechseltreiber aus. Konzentrieren Sie nicht nur Ihre Leistungsgestaltung, sondern auch die Kommunikationsmaßnahmen gezielt auf diese kritischen Punkte. Nutzen Sie die Möglichkeiten der Marktforschung, um im Vorfeld des Vorstoßes festzustellen, welche Angebote in den Zielsegmenten am besten funktionieren.

Die Investitionspause der Wettbewerber nutzen

Ihre Leistungen sollten bei einem der Wechseltreiber der Leistung des Branchenführers klar überlegen sein. Beachten Sie bei der Leistungsdimensionierung, dass die abgelenkten Branchenführer im betreffenden Zeitraum vermutlich Investitionszurückhaltung üben. Darum wird sich die zu übertreffende Konkurrenzleistung im Zeitablauf vermutlich nicht verbessern; unter Umständen wird sie sich sogar verschlechtern. Nutzen Sie wenn möglich Produktinnovationen, die den Branchenführern – wenn sie mitziehen wollen – signifikante Investitionen abverlangen würden. Denn zu solchen Investitionen sind sie in der Phase der Ablenkung häufig nicht bereit.

Beispiel:

Die ING-DiBa setzte bei ihrem Vorstoß auf Festgeldkonten mit überdurchschnittlicher Verzinsung sowie auf innovative Marketinginstrumente, die in anderen Märkten bereits eingesetzt wurden.[98]

Prüfen Sie parallel dazu die Möglichkeit, über Unternehmenskäufe rasch eine verteidigbare Position aufzubauen. Die Preise für solche Unternehmen, die sich auf etablierte Segmente fokussieren, sind in dieser Phase aufgrund der geringen Erwartungshaltung der Kapitalmärkte oft auf einem günstigen Einstiegsniveau. Neben der Übernahme kleiner Konkurrenten bietet sich im Wettbewerbsumfeld einer Erwartungswelle auch die Gelegenheit, etablierte Geschäftsfelder der Branchenführer zu akquirieren, weil diese nicht im Fokus stehen. Analysieren Sie bereits in der Vorbereitungsphase Ihrer Wachstumsoffensive, welche Branchenführer konsequente Portfoliobereinigungen durchführen und sich von Unternehmensteilen trennen, sobald eine Neupositionierung eingeleitet wird.

Beispiel:

So sollen Großbanken in der Zeit ihrer Fokusverlagerung auf das internationale Investmentbanking auch Modelle zur Ausgliederung des Privatkundengeschäfts und Kooperationen mit Partnern geprüft haben.[99]

Zusammenfassung der Strategie

Strategie Nr. 4: Die Erwartungswelle antizipieren

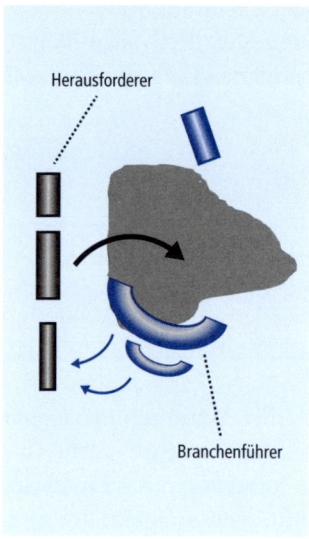

Herausforderer

Branchenführer

Die **Achillesferse** entsteht, wenn Branchenführer einer Erwartungswelle an den Marktrand folgen, um die Chancen eines aktuellen Trends wahrzunehmen.

Die Erwartungswelle wirkt wie ein **Neutralisierungsmanöver**, wenn sich Branchenführer auf die erhofften Wachstumsperspektiven am Marktrand konzentrieren und die Verteidigung des gesättigten Marktzentrums zurückstufen.

Der Herausforderer führt sein **Angriffsmanöver**, indem er die Erwartungswelle antizipiert, antizyklisch handelt, zügig ins Marktzentrum nachrückt und wechselbereite Zielsegmente adressiert.

Strategie Nr. 5:
Ein Randsegment als Sprungbrett nutzen

Die Vorlage: Friedrich der Große und die Schlacht von Leuthen

Im Winter 1757 stand Preußen am Abgrund. Gleich vier gegnerische Großmächte hatten sich unter Führung Österreichs zusammengeschlossen, um den aufstrebenden Staat im Nordosten Europas zu zerschlagen.[100] Preußens König Friedrich der Große hatte das Zustandekommen der gegnerischen Koalition durchaus mit verschuldet. Schließlich hatte er aus seinen Zielen für Preußen kein Geheimnis gemacht. Sein Land war bereits zu groß, um sich in einer Nische der europäischen Machtpolitik zu verstecken. Aber es war noch zu klein, um sein Schicksal selbst bestimmen zu können. Preußen war »stuck in the middle«. Für Friedrich gab es nur eine Lösung: Preußen sollte zu einer echten Großmacht heranwachsen. Österreichs Kaiserdynastie hatte entgegengesetzte Vorstellungen: Preußen sollte zu einer Regionalmacht schrumpfen.[101] Der Konflikt war vorprogrammiert. Aus allen vier Himmelsrichtungen marschierten Friedrichs Gegner in Preußen ein, um das Land unter sich aufzuteilen.

Preußen wird aus allen Richtungen bedrängt

Aus Westen stieß Frankreich zusammen mit Kontingenten deutscher Kleinstaaten vor. Im Osten überschritt eine riesige russische Armee die preußische Grenze. Von Norden drangen die Schweden in Preußen ein. Schließlich marschierten im Süden die Kontingente Österreichs auf. Rastlos jagte Friedrich mit seinen Soldaten von einem Schauplatz zum anderen. Sein Ziel war es, die Truppen der vier Großmächte aufzuhalten, bevor sich deren Armeen vereinigen konnten. Mit strategischem Überblick nutzte Friedrich seine zentrale Position zwischen den Fronten, um die Gegner einzeln zu stellen. Zunächst ging diese Strategie auf. In mehreren Schlachten konnten die Preußen ihre überlegenen Widersacher besiegen. Doch auch die preußische Armee besaß eine Leistungsgrenze. In der Schlacht von Kolin musste sich Preußen der österreichischen Übermacht geschlagen geben.[102]

Die Österreicher nutzten diesen Erfolg umgehend aus. Sie besetzten die preußische Provinz Schlesien und schlugen dort ihr Winterquartier auf. Die Preußen hingegen waren mit einer dramatischen Notlage konfrontiert. Denn Schlesien war eine Kornkammer des Landes und beherbergte die Vorratslager der preußischen Armee. Ohne die schlesische Versorgungsbasis konnte Friedrich seine Truppen im harten Winter nicht unterhalten. Der Hunger drohte Preußen in die Knie zu zwingen.

In dieser kritischen Situation entschied sich Friedrich, die Initiative zu ergreifen. Er sammelte seine restlichen Regimenter um sich. Mit 40 000 Soldaten zog er den Österreichern entgegen, um ihnen Schlesien noch vor dem Winter zu entreißen. Die österreichische Armee umfasste über 66 000 Soldaten. Sie stand unter dem Kommando von Prinz Karl von Lothringen – dem Bruder des Kaisers von Österreich. Der Prinz hatte seine Truppen beim Dörfchen Leuthen zusammengezogen. Dort wartete er auf die Preußen, um ihnen den Zugang nach Schlesien zu verwehren.

Am 5. Dezember 1757 marschierten die preußischen Soldaten durch dichten Morgennebel an die österreichischen Stellungen heran. Friedrich konnte zu diesem Zeitpunkt nur ahnen, wie stark sein Gegner wirklich war. Als sich der Morgennebel schließlich auflöste, konnte der preußische König die österreichischen Stellungen in Augenschein nehmen. Was Friedrich erblickte, war eine Machtdemonstration der überlegenen gegnerischen Ressourcen. Die österreichische Armee hatte sich in einer starken Abwehrstellung verschanzt, die das Gelände umfassend absicherte.[103]

Der Plan des Prinzen

Prinz Karl von Lothringen war entschlossen, keine Risiken einzugehen. Der kaiserliche Feldherr rechnete damit, dass die Preußen angesichts der österreichischen Übermacht resignierten und kampflos abziehen würden. Anschließend wollte er die Zeit für sich arbeiten lassen und im gut versorgten Schlesien überwintern, während Hunger, Krankheit und Desertion Friedrichs Truppen weiter schwächten. Erst im Frühjahr sollte ein finaler Feldzug die zermürbten Reste der preußischen Armee hinwegfegen. In der Zwischenzeit wollte Prinz Karl dem Gegner jede Chance auf einen Schlachterfolg verwehren. Darum hatten seine Truppen eine umfassende Verteidigungsstellung errichtet. Die österreichische Position sollte so stark befestigt sein, dass Friedrich von vornherein entmutigt würde, seine Pläne für eine Schlacht aufgäbe und freiwillig das Feld räumen würde (vgl. Abb. 30).

Abb. 30: Ausgangssituation

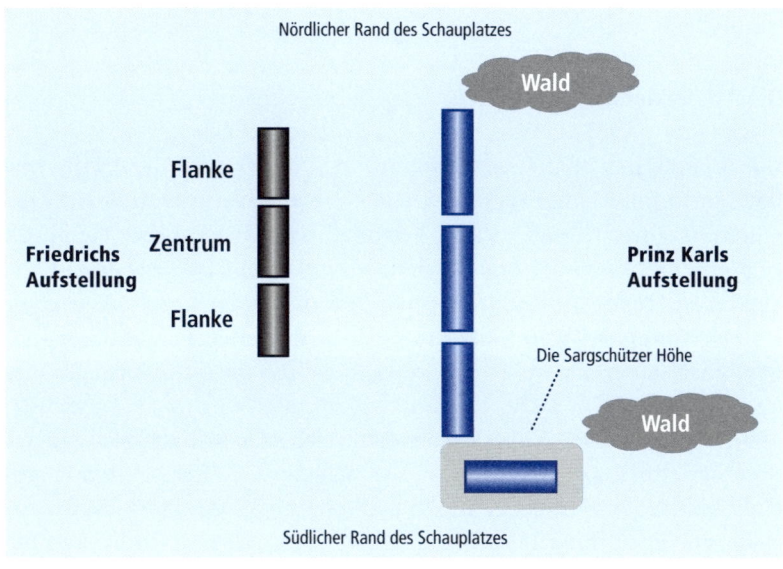

STRATEGIE NR. 5: EIN RANDSEGMENT ALS SPRUNGBRETT NUTZEN **145**

Die Endpunkte der österreichischen Abwehrstellung wurden durch Waldgebiete geschützt. Zwischen diesen natürlichen Barrieren hatten die Österreicher eine neun Kilometer lange Abwehrfront aufgebaut. Nahtlos reihten sich die österreichischen Regimenter auf den verschneiten Feldern und Äckern aneinander. Die Preußen sollten in dieser Aufstellung keine Lücke für Angriffsmanöver finden.

Am Südrand des Schauplatzes bildete die österreichische Verteidigungslinie einen L-förmigen Haken, um die bedeutendste Erhebung der Landschaft – die Sargschützer Höhe – in die Frontlinie einzubinden. Die österreichischen Truppen waren entlang der Front verteilt und deckten alle Stellungssegmente gleichmäßig ab. In der ersten Abwehrlinie standen 170 Kanonen, um das Vorfeld der österreichischen Position zu sichern. Dahinter hatte sich die Infanterie mit ihren Gewehren verschanzt.[104] In dieser starken Stellung konnten die österreichischen Soldaten einen eventuellen preußischen Ansturm in Ruhe abwarten. Prinz Karl war jedoch überzeugt davon, dass Friedrich angesichts des österreichischen Bollwerks einsehen würde, wie sinnlos ein Angriff wäre, und unverrichteter Dinge abziehen würde.

Die Achillesferse

Die preußischen Soldaten waren am Nordflügel der österreichischen Barriere aufmarschiert (vgl. Abb. 30). Gespannt erwarteten sie die Entscheidung ihres Königs. Würde Friedrich sie in das massive Feuer der gegnerischen Kanonen und Musketen senden? Oder würde er den Abzugsbefehl geben und seine Armee dem ungewissen Schicksal eines Hungerwinters aussetzen? Während sich beide Heere gegenüberstanden, analysierte Friedrich von einem Hügel aus die Situation.

Für den preußischen König lag der österreichische Schlachtplan auf der Hand. Friedrich sah einen Gegner vor sich, der kein Risiko einging und alle Geländeabschnitte gleichmäßig besetzt hatte, um keine Schwachstelle für einen Angriff zu bieten. Die Österreicher wollten nicht die Initiative ergreifen, sondern vertrauten auf die abschreckende Wirkung ihrer umfassenden Abwehrstellung. Diese Stellung hatten die Österreicher entlang der gesamten Front gekonnt ausgebaut. Vor allem die

Kanonen in der ersten Verteidigungslinie stellten mit ihrer Feuerkraft ein ernsthaftes Hindernis für jeden Angreifer dar, der sich im damals üblichen Gleichschritt der österreichischen Stellung nähern würde.

Dennoch erkannte Friedrich eine Achillesferse in der gegnerischen Formation. Der preußische König konzentrierte sich auf einen Stellungsabschnitt, der ein besonderes Geländeprofil besaß. Dieses Schlüsselsegment hatten die Österreicher zwar besetzt, aber mit ihren einheitlich aufgestellten Truppen nicht ausreichend gesichert.

Auf dieses Schlüsselsegment baute Friedrich nun seinen Plan auf. In diesem Geländeabschnitt wollte er den Abwehrgürtel der Österreicher durchstoßen und die Aufstellung des Gegners ausheben. Einen klaren Fokus konnte sich Friedrich angesichts der langen und unflexiblen Verteidigungslinie der Österreicher leisten. Gerade die Festigkeit des österreichischen Bollwerks bot Friedrich die Chance, einen Einzelpunkt ins Visier zu nehmen, der für beide Seiten von überragender Bedeutung war. Ausgerechnet das Ziel der Österreicher, ihre Position umfassend zu sichern, erlaubte es dem preußischen König, alles auf eine Karte zu setzen – auf die Trumpfkarte des gesamten Geländes. Um diese Achillesferse der Österreicher nutzen zu können, musste Friedrich jedoch seine Absichten verschleiern. Darum entschied er sich dafür, die Erwartungshaltung seines Gegners zu erfüllen. Während die Hoffnungen der preußischen Soldaten erwartungsvoll auf ihrem König ruhten, ließ Friedrich die Meldereiter zu seinen Regimentern ausschwärmen – und befahl den Abzug.

Konzentration auf das Schlüsselsegment

Das Neutralisierungsmanöver

Die Preußen schulterten ihre Gewehre und drehten sich auf dem Absatz nach rechts. Regiment für Regiment setzten sich Friedrichs Soldaten in Bewegung und zogen in einer langen Kolonne nach Süden ab (vgl. Abb. 31). Keine 3000 Meter von den Österreichern entfernt – aber immer außer Reichweite ihrer mächtigen Kanonen – marschierten die Preußen an den gegnerischen Linien vorbei. Während die Österreicher in ihren Stellungen verharrten, stapfte die kleine preußische Armee durch die karge Winterlandschaft davon.

Abb. 31: Der Abzug

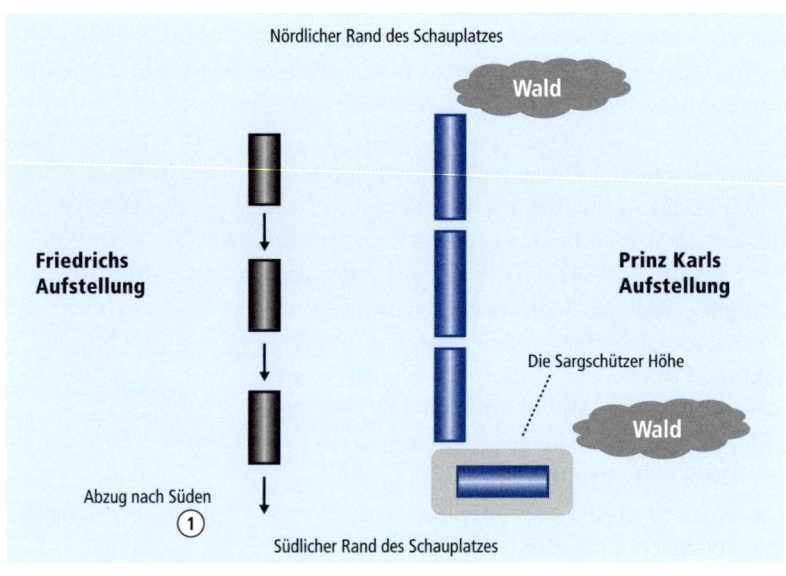

Prinz Karl von Lothringen nahm zufrieden zur Kenntnis, dass die Entwicklung offenbar seiner Prognose folgte. Die österreichische Abwehrlinie hatte ihre Aufgabe erfüllt. Friedrich der Große schien einzusehen, wie sinnlos ein Angriff auf die gegnerische Bastion war. Nun würde nicht die Schlacht, sondern der harte Winter die Entscheidung bringen. Nun würden Hunger und Kälte die Preußen weiter schwächen, während sich die Österreicher in ihren ausgezeichneten Winterquartieren stärken konnten. Den Schlusspunkt des Feldzuges sollte die österreichische Frühlingsoffensive im nächsten Jahr setzen. Preußen würde wieder im Schatten der europäischen Großmächte verschwinden. Auf ihrem Marsch nach Süden hatten die preußischen Soldaten den Fokus des österreichischen Feldherrn verlassen – und mit diesem Abzug schien auch ganz Preußen von der Bühne der Geschichte abzutreten.

Das Angriffsmanöver

Doch entgegen der österreichischen Erwartung war Friedrich der Große nicht gewillt, Preußen in den Niedergang zu führen. Er war vielmehr entschlossen, zu kämpfen und zu siegen. Als die Preußen den Südrand des Schlachtfeldes erreicht hatten, standen sie in der Idealposition für einen Angriff. Jetzt zeigten die preußischen Regimenter ihre herausragenden Fähigkeiten. Auf Friedrichs Befehl hin schwenkten sie plötzlich nach links. Zügig drehte sich die ganze Armee um ihre Achse, richtete sich neu aus und kam direkt vor der Sargschützer Höhe zum Stehen (vgl. Abb. 32). Die ganze Kraft der Preußen richtete sich nun gegen den beherrschenden Höhenzug des Geländes.

Den überraschten Österreichern auf dem Hügel bot sich ein irritierendes Bild. Die preußischen Regimenter waren nicht wie üblich in einer Reihe nebeneinander angetreten, sondern standen versetzt hintereinander (vgl. Abb. 32). Friedrich der Große hatte diese Aufstellung bewusst gewählt. Persönlich gab er die entscheidenden Befehle.

Im Laufschritt stürmten die ersten Wellen der Preußen den Hügel hinauf und sprangen in die österreichischen Stellungen hinein. Im folgenden Nahgefecht konnten die Österreicher ihre Kanonen nicht optimal nutzen. Die nächsten Wellen durchquerten das Schussfeld der österreichischen Kanonen nacheinander, ohne dem Gegner ein Gesamtziel zu bieten, und kamen ihren Kameraden zu Hilfe.

Angriff in besonderer Formation

Die österreichischen Verteidiger versuchten den Hügel zu halten. Dem konzentrierten Angriff der preußischen Armee hielten sie jedoch nicht stand. Die Preußen durchbrachen den Verteidigungsring und nahmen den Hügel ein. Nun befanden sich Friedrichs Soldaten in einer erhöhten Position. In der Ebene lagen die gegnerischen Einheiten sauber aufgereiht zu ihren Füßen. Die Preußen stürmten hügelabwärts und fielen der österreichischen Hauptlinie in die Flanke (vgl. Abb. 33).

Prinz Karl erkannte sofort die Gefahr für seine lang gezogene Abwehrreihe. Verzweifelt versuchte er seine Truppen umzugruppieren und sie nach Süden auszurichten. Zeitgleich stürmten die Preußen weiter voran und rollten die österreichische Verteidigungsstellung Segment für Segment auf. Wie Dominosteine stürzten die ersten österreichischen Einheiten um, rissen in einer unkoordinierten Rückzugsbewegung die Nachbarregimenter mit und lösten auf diese Weise eine Kettenreaktion aus.

Abb. 32: Der Angriff auf die Sargschützer Höhe

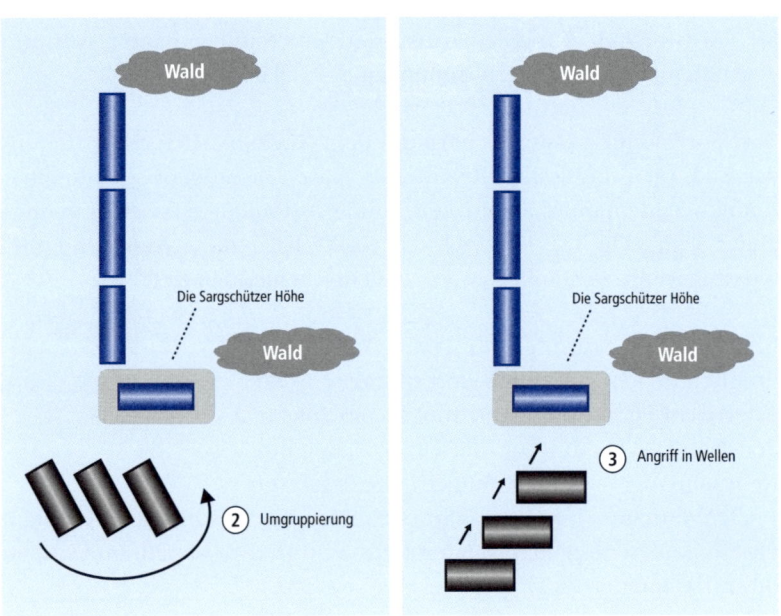

Prinz Karl stemmte sich gegen den Zusammenbruch der Front und führte Truppen aus dem Zentrum heran, um den bedrängten Einheiten im Süden zu Hilfe zu eilen. Unter dem Angriffsdruck der Preußen konnte er seine Regimenter jedoch nicht zügig umgruppieren und sauber ausrichten. Zurückweichende Einheiten vermischten sich mit vorwärtsstürmenden Soldaten (vgl. Abb. 33). Flüchtende Gruppen liefen in die nachladenden Linien hinein und zerstörten deren Ordnung. Prinz Karl verlor die Kontrolle über den Großteil des Heeres. Abschnitt für Abschnitt löste sich die österreichische Frontlinie auf. Die Armee des österreichischen Kaisers wandte sich zur Flucht. Friedrich der Große brach die Verfolgung des Gegners ab, als die frühe Winterdämmerung einsetzte. Die Winterquartiere für seine Soldaten waren gesichert. Der Untergang Preußens war vorerst abgewendet.

Abb. 33: **Die Auflösung der österreichischen Ordnung**

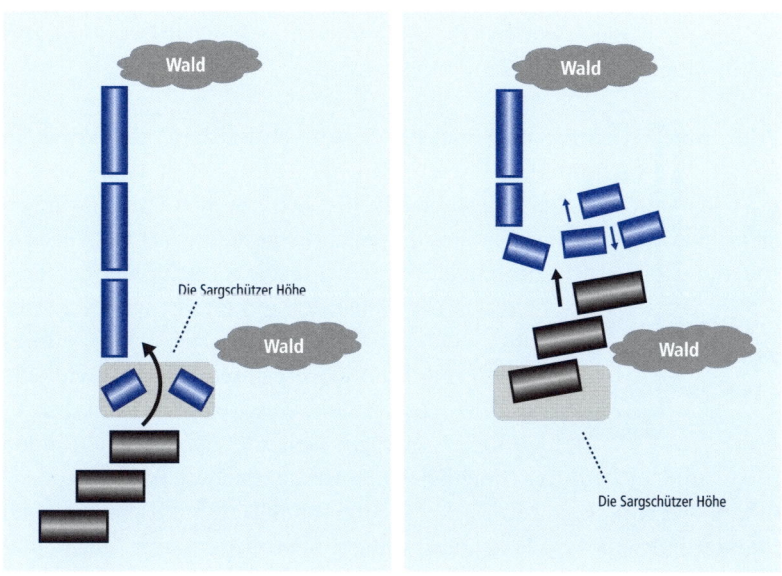

Als sich Friedrichs Soldaten an diesem Abend um die Lagerfeuer scharten, konnten sie nicht wissen, dass Preußen alle Folgeprüfungen bestehen und seinen Aufstieg zur Großmacht fortsetzen würde. Aber geahnt haben sie vermutlich, dass Preußen dank Friedrichs strategischem Scharfblick dem Untergang entgangen war. In der Folgezeit erhielt ihr Monarch einen neuen Beinamen. Aus Friedrich II. von Preußen wurde »Friedrich der Große«.

Die Strategieanalyse

»*Wer alles verteidigen will, verteidigt nichts.*« – Diese Erkenntnis stammt von Friedrich dem Großen und enthüllt die Ursache der österreichischen Niederlage bei Leuthen.[105] Entscheidend für den Schlachtausgang war ausgerechnet das Ziel der Verteidiger, sich unangreifbar zu machen. Weil die Österreicher ihre Position umfassend absichern wollten, verzichteten sie darauf, Prioritäten zu setzen. Stattdessen verteidigten sie alle Geländesegmente auf die gleiche Weise und schufen eine Achillesferse, die Friedrich der Große für seinen konzentrierten Angriff auf das Randsegment der Stellung nutzte.

Prinz Karl errichtete eine lückenlose Abwehrbarriere, um Friedrich keinen Schwachpunkt zu bieten. Mit der Sargschützer Höhe besetzte er jedoch einen Geländeabschnitt, der sich deutlich vom restlichen Schauplatz unterschied und besonders hätte gesichert werden müssen. Die Österreicher erkannten die Bedeutung dieses Schlüsselsegments durchaus und banden es bewusst in ihre Frontlinie ein. Gleichzeitig ignorierten sie dessen Besonderheiten und verzichteten auf individuelle Schutzmaßnahmen. Obwohl die Sargschützer Höhe als einziges Geländesegment nach Süden zeigte und nicht durch Nachbarsegmente abgesichert war, wurde sie in eine gleichmäßige Abwehrfront eingebunden und mit den gleichen Standardmitteln verteidigt, die in allen Abschnitten zum Einsatz kamen. Die österreichischen Truppen hatten diesen kritischen Geländepunkt nicht im Fokus, sondern waren entlang der Abwehrlinie verteilt, um alle Bereiche des Schauplatzes zwischen den Waldgebieten im Norden und Süden abzudecken.

Die Verteidiger sind über den Schauplatz verteilt

Diese Gleichbehandlung aller Segmente war entscheidend für den weiteren Schlachtverlauf. Prinz Karls Abwehrbarriere schützte die Sargschützer Höhe unzureichend und neutralisierte letztlich seine Truppen, weil die Einheiten entlang der Abwehrlinie zersplittert wurden. So konnten die Österreicher nicht schnell genug zusammengefasst werden, als Friedrichs konzentrierter Angriff begann. In der Entscheidungsphase der Schlacht griffen die meisten Österreicher gar nicht ins Geschehen ein, sondern saßen weitab vom Brennpunkt in ihren Stellungen fest, um Frontabschnitte zu verteidigen, die gar nicht bedroht waren. So schuf die gleichförmige Absicherung aller Segmente nicht nur die entscheidende Schwachstelle am Schlachtfeldrand, sondern blockierte gleichzeitig einen Großteil der österreichischen Ressourcen.

Prinz Karl hätte diese Achillesferse vermieden, wenn er seine Abwehrlinie verkürzt oder an die unterschiedlichen Geländebedingungen angepasst hätte.[106] Der österreichische Feldherr verzichtete jedoch auf solche Maßnahmen. Die Sargschützer Höhe wurde von ihm besetzt, jedoch nicht speziell gesichert, sondern in einen homogenen Abwehrring eingebunden, der zwar das Zentrum absicherte, aber das isolierte Schlüsselsegment am Schlachtfeldrand unzureichend schützte. Im Endergebnis waren die Österreicher auf der Sargschützer Höhe deutlich schwächer aufgestellt als in allen anderen Geländeabschnitten.

Friedrich der Große erkannte diese Schwächen der österreichischen Verteidigungsstrategie und konzentrierte sich von Beginn an auf den entscheidenden Abschnitt der Stellung. Er verzichtete darauf, das österreichische Zentrum anzugreifen, und entschied sich dafür, die Abwehrlinie »von der Seite« aufzurollen. Während Prinz Karl die Sargschützer Höhe für einen Nebenschauplatz hielt, rückte Friedrich dieses Segment in den Mittelpunkt des Geschehens, weil es in mehrfacher Hinsicht ideal für einen solchen Angriff »von der Seite« geeignet war. Zum einen lag die Höhe in maximaler Entfernung vom Gros der österreichischen Truppen am Ende der Verteidigungslinie. Darum besaßen die österreichischen Verteidiger auf der Höhe keine Nachbareinheiten, die den Preußen in den Rücken hätten fallen können. Gleichzeitig bildete der Hügelkamm einen natürlichen Sichtschutz, der den preußischen Durchbruch vor dem österreichischen Zentrum abschirmte. Darüber hinaus stellte die Geländeerhebung eine ideale Plattform dar, um die österreichische Stellung anschließend mit Schwung seitlich zu überrollen.

Friedrichs konzentrierter Angriff auf das Randsegment

Darum wählte Friedrich die Sargschützer Höhe als Einstiegspunkt, um die österreichische Abwehrstellung zu durchstoßen und anschließend Segment für Segment auszuheben. Seine Truppen konnte er in Ruhe umgruppieren, weil er zunächst die österreichischen Erwartungen erfüllte und seinen Flankenlauf nach Süden als Abzugsmanöver tarnte. Danach griff er die Sargschützer Höhe mit einer besonderen Aufstellung an, die den Gegebenheiten des Geländes Rechnung trug.

Dank der gestaffelten Angriffswellen durchquerten die Preußen das Wirkungsfeld der österreichischen Kanonen in Gruppen, ohne den österreichischen Kanonieren ein Gesamtziel zu bieten. So nutzten die Preußen mit einer maßgeschneiderten Aufstellung die Besonderheiten des Geländes, um geschickt die österreichischen Stellungen zu erreichen. Diese Abstimmung der Angriffstechnik auf das Geländeprofil der Sargschützer Höhe gab dem preußischen Angriff seine Durchschlagskraft. Die Österreicher konnten diesen konzentrierten Vorstoß mit ihren gleichmäßig verteilten und undifferenziert eingesetzten Truppen nicht aufhalten.

Die Sargschützer Höhe als Sprungbrett

Nachdem das Randsegment eingenommen war, konnte Friedrich die Sargschützer Höhe als Sprungbrett nutzen, um die ausgedehnte Stellung der Österreicher schrittweise aufzurollen. Wie ein asiatischer Kampfsportler, der in einem Duell mit mehreren Gegner versucht, diese in eine Reihe hintereinander zu manövrieren, um sie nacheinander schlagen zu können, standen die preußischen Truppen nun vor den aufgereihten österreichischen Einheiten und konnten sie Abschnitt für Abschnitt überwältigen.

Zusammenfassung

- Die Achillesferse entstand, weil Prinz Karl seine Position umfassend absichern wollte und mit der Sargschützer Höhe ein abweichendes Randsegment in die Abwehrlinie einband. Der Prinz ging jedoch nicht auf das spezielle Geländeprofil dieses Schlüsselsegments ein, sondern sicherte seine Position mit einem einheitlichen Abwehrgürtel, der alle Geländeabschnitte gleich behandelte.

- Die umfassende Abwehrlinie der Österreicher wirkte gleichzeitig als Neutralisierungsmanöver, weil die Ressourcen zersplittert und

entlang der Front in Abschnitten gebunden wurden, die nicht bedroht waren.

- Friedrich entschied sich für ein zweistufiges **Angriffsmanöver.** Der
preußische König konzentrierte sich zunächst auf die Sargschützer Höhe, eroberte dieses Randsegment mit einer maßgeschneiderten Aufstellung und nutzte es anschließend als Sprungbrett,
um die Stellung der Österreicher »von der Seite« kommend aufzurollen.

Anwendung: Oracle und die Sonderanforderungen

Fallstudie: Oracle

**Wie Unternehmen die Randsegmente des Marktes nutzen können, um Abwehrbar-
rieren großer Konkurrenten zu überwinden, zeigt das Beispiel des Softwareherstel-
lers Oracle. Der Herausforderer etablierte sich mit Spezialanwendungen im Markt
für Firmensoftware und drang Segment für Segment in die Bastion des Branchenführers SAP ein.**

Das kalifornische Softwareunternehmen Oracle hatte sich bereits mit
Datenbanken einen Namen gemacht, als dessen legendärer Gründer
Larry Ellison ein neues Ziel anvisierte. Oracle sollte in den Markt für
sogenannte Enterprise-Resource-Planning-Soft-
ware (ERP) vorstoßen.[107] Mit dieser Software
steuern Unternehmen ihre zentralen Geschäftsprozesse wie Finanzbuchhaltung, Produktion
oder Logistik. Um in den ERP-Markt eindringen

> **Der Branchenführer setzte auf
> Standardisierung**

zu können, musste Oracle jedoch eine umfassende Barriere überwinden, die der deutsche Marktführer SAP mit seinen erfolgreichen Soft-
wareprodukten geschaffen hatte.

SAP prägte den Markt für Unternehmenssoftware mit einer Standardisierungsstrategie. Die Produkte des Branchenführers basierten auf
wiederverwendbaren Komponenten, die mit begrenztem Aufwand an

unterschiedliche Anforderungen angepasst werden konnten. Dieses Konzept reduzierte den Entwicklungsaufwand im Vergleich zu kundenspezifischen Lösungen und verschaffte SAP Kostenvorteile gegenüber potenziellen Wettbewerbern. Systematisch hatte SAP diesen Ansatz auf zahlreiche Anwendungsgebiete übertragen und einen Fächer standardisierter Industrielösungen geschaffen. Dadurch konnte der Branchenführer viele Hauptanforderungen seiner Kunden aus einer Hand bedienen. Im Laufe der Zeit deckte SAP mit seiner Standardsoftware wichtige Unternehmensprozesse in unterschiedlichsten Branchen wie der Erdöl-, Chemie- oder Finanzindustrie ab.

Diese Standardisierungsstrategie erleichterte den SAP-Kunden die Installation neuer Komponenten und steigerte gleichzeitig die Kundenbindung, weil mit jedem zusätzlichen SAP-Modul der Aufwand für einen Anbieterwechsel stieg. Auf diese Weise hatte sich SAP zum Spitzenunternehmen seiner Industrie entwickelt. Gleichzeitig war eine umfassende Abwehrbarriere entstanden, die Herausforderer bei einem Aufstieg im ERP-Markt überwinden mussten.[108]

Ausgerechnet diesen Markt hatte Oracle nun ins Visier genommen. Angesichts der Ausgangslage schien es wenig Sinn zu machen, auf die Basisanforderungen des Marktes zu setzen, weil diese von den SAP-Standardprodukten ausgezeichnet abgedeckt wurden. In den Randsegmenten des Marktes gab es jedoch zahlreiche Sonderanforderungen, die SAP mit seinen Standardprodukten nicht gezielt ansprechen konnte.

Spezialanbieter als Speerspitze

In diesen Randbereichen hatten sich Spezialanbieter ihre Nischen geschaffen. Oracle nutzte diese Achillesferse, um die Abwehrbarriere von SAP zu überwinden und eine Ausgangsbasis im neuen Markt zu entwickeln. Dabei folgte der Herausforderer der Strategie von Friedrich dem Großen: Er identifizierte Segmente mit besonderem Anforderungsprofil, die von den SAP-Produkten nicht gesondert adressiert wurden. Diese Randsegmente ließen sich gezielt mit speziellen Lösungen ansprechen, womit zugleich ein Sprungbrett für die nächsten Schritte in den Markt geschaffen war.

Bei der Umsetzung dieser Segmentstrategie folgte Oracle einem wiederkehrenden Muster: Zunächst kaufte Larry Ellison Softwarefirmen, die sich auf beschränkte, aber zentrale Bedürfnisse bestimmter Kundengruppen konzentrierten und diese speziellen Bedürfnisse gezielter ansprachen als SAP mit seinen breit ausgerichteten Standardlösungen. So erwarb Oracle beispielsweise Portal Software, einen Spezialanbieter von Abrechnungssoftware für die Kommunikationsindustrie, und Retek, ein auf den Einzelhandel spezialisiertes Softwareunternehmen.[109] Die Spezialanbieter bildeten für Oracle eine Speerspitze, um den SAP-Abwehrring zu überwinden und am Marktrand Fuß zu fassen. Sobald der Herausforderer die ersten Schritte in das Softwareportfolio der Kunden getan hatte, wurden die Kundenkontakte genutzt, um in weitere Anwendungsfelder vorzustoßen. Nach dem Seiteneinstieg in ein Segment rollte Oracle auf diese Weise das Anwendungsportfolio der Kunden Schritt für Schritt auf.

Vor diesem Hintergrund setzte Oracle ein ambitioniertes Akquisitionsprogramm um. Innerhalb weniger Jahren übernahm der kalifornische Herausforderer zahlreiche Softwareanbieter und setzte deren Produkte als Trittsteine ein, um den Verteidigungsring von SAP zu überwinden und anschließend weitere Kernanwendungen seiner Klienten zu adressieren. Angesichts der signifikanten Risiken von Unternehmenskäufen schrieb Oracle mit dieser Strategie eine erstaunliche Erfolgsgeschichte: Während die meisten Unternehmen mit ihren Übernahmen scheitern, konnte Oracle über dreißig Neuzugänge weitgehend geräuschlos integrieren und mithilfe des erworbenen Expertenwissens erfolgreich im ERP-Markt aufsteigen.[110]

Ein entscheidender Erfolgsfaktor war die Disziplin, mit der Oracle seine Segmentstrategie umsetzte. Oracles Finanzchefin Safra Catz berücksichtigte bei den Unternehmensübernahmen bestimmte Schlüsselkriterien. Auf die Akquisitionsliste des kalifornischen Herausforderers gelangten insbesondere Softwareanbieter mit Spezialexpertise und starkem **Erfolgsfaktor Disziplin** Branchenfokus. Sobald das Unternehmen gekauft war, achtete Oracle darauf, dass die Vertriebsmitarbeiter und mit ihnen die Kundenkontakte an Bord blieben, während die Verwaltungsfunktionen verschlankt und den Oracle-Standards angepasst wurden. Die Branchenexpertise der Neuerwerbungen wurde eingesetzt, um in einem spezifischen Anwendungssegment den Anker zu werfen und die

Kunden anschließend von den Oracle-Angeboten für weitere Anwendungsfelder zu überzeugen.

Mit Unterstützung der segmentspezifischen Ankerprodukte konnte sich Oracle Branche für Branche im Markt für Unternehmenssoftware etablieren und einen Wachstumspfad ins Marktzentrum ebnen.

Über das Sprungbrett ins Marktzentrum

Innerhalb von fünf Jahren entwickelte sich der Herausforderer zu einem der wenigen Wettbewerber, die auf Augenhöhe mit SAP agieren konnten. Gleichzeitig hielt Oracle trotz seines Wachstumstempos ein hohes Profitabilitätsniveau. Marktführer SAP konnte die Segmentstrategie des kalifornischen Herausforderers nicht unmittelbar kontern, ohne das Fundament seiner Firmenausrichtung zu versetzen. Darum blieb der deutsche Branchenprimus seiner bewährten Unternehmensstrategie zunächst weitgehend treu.[111]

Zusammenfassung

Wie Friedrich der Große war auch Larry Ellison mit einem Wettbewerber konfrontiert, der das Gelände umfassend abdeckte und dennoch eine Achillesferse besaß, weil er die abweichenden Randsegmente des Geländes nicht optimal schützen konnte. Die umfassende Abwehrbarriere des großen Konkurrenten wirkte gleichzeitig als Neutralisierungsmanöver, weil sie dessen Ausrichtung bestimmte und eine segmentspezifische Neupositionierung verzögerte. So folgte Ellison mit seiner Segmentstrategie dem preußischen Angriffsmanöver. Der Herausforderer Oracle sprach die abweichenden Randsegmente mit speziellen Angeboten an und nutzte diese Randsegmente als Ausgangsbasis, um den Markt von der Seite kommend aufzurollen.

Die Achillesferse: Standardisierung

Manche Branchenführer verteidigen sich wie Prinz Karl von Lothringen. Um Herausforderer abzuwehren, bearbeiten sie den Gesamtmarkt und besetzen auch die Randsegmente. Sie berücksichtigen die Besonderheiten dieser Segmente jedoch nicht ausreichend. Stattdessen verteidigen sie den Markt mit einem Standardsortiment. So können Herausforderer die Randpositionen gezielt ansprechen und anschließend als Sprungbrett für Folgeschritte nutzen.

Diese Achillesferse entsteht im Laufe der Branchenentwicklung, weil sich die Erfolgsfaktoren der Marktbearbeitung stufenweise ändern. Dabei kann man grob zwei Phasen der Branchenentwicklung unterscheiden (vgl. Abb. 34).

Abb. 34: Branchenentwicklungsphasen

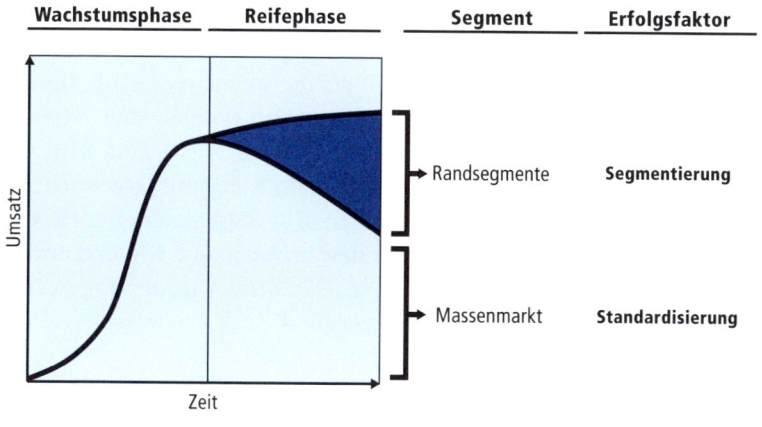

- **Wachstumsphase:** In dieser Frühphase der Branchenentwicklung steht die Eroberung des Massenmarktes im Vordergrund. Es gilt möglichst viele Nichtnutzer zu Erstnutzern der Branchenleistung zu machen. Die Kundenmehrheit hat zu diesem Zeitpunkt noch wenig Produkterfahrung gesammelt. Eine starke Produktstandardisierung ist darum ein entscheidender Erfolgsfaktor. Erst die

Standardisierung sorgt für effiziente Fertigungsverfahren und macht Produkte für den Großteil des Marktes erschwinglich. Während Automobile in ihrer Frühphase teure Einzelanfertigungen waren, brachte die Einführung von Standardmodellen den Durchbruch im Massenmarkt – in den USA mit dem T-Modell von Ford, in Deutschland mit dem Käfer von VW. Gleichzeitig werden komplexe Technologien durch einen hohen Standardisierungsgrad vereinfacht und für die Masse der Kunden nutzbar. So brachte die Standardisierung des PCs durch IBM den flächendeckenden Einzug des Computers in die Haushalte. Darum konzentrieren sich Unternehmen in dieser Phase darauf, die Leistungen zu vereinheitlichen und den wachsenden Markt auf der Grundlage effizienter Massenfertigung mit erschwinglichen Standardprodukten auszustatten. Jene Unternehmen, die mit wenigen Produktvarianten die Kundenmehrheit adressieren, gehen aus dieser Entwicklungsphase als Branchenführer hervor.

■ **Sättigungsphase:** Das Erfolgsrezept der Standardisierung stößt an Grenzen, sobald der Markt erschlossen ist und in die Sättigungsphase tritt (vgl. Abb. 34). Nun sind die meisten Kunden mit Standardprodukten ausgestattet und lernen damit umzugehen.[112] Sie bilden individuelle Nutzungsmuster aus und entwickeln unterschiedliche Anspruchshaltungen. An den Marträndern entstehen Segmente mit speziellen Profilen. Für diese Segmente rückt die Verfügbarkeit preiswerter Standardgeräte in den Hintergrund. Stattdessen wird es wichtiger, unterschiedliche Anforderungen zu erkennen und differenziert anzusprechen.

Vielen Branchenführern fällt es schwer, mit diesem Umbruch mitzugehen. Denn die abweichenden Randsegmente werfen einen Zielkonflikt zwischen effizienzorientierter Standardisierung und kundenorientierter Spezialisierung auf. Einerseits möchten diese Unternehmen alle Marktsegmente bedienen, um keine Ansatzpunkte für Wettbewerber zu bieten. Andererseits wollen sie am hohen Standardisierungsgrad ihrer Produkte festhalten, um Skalenvorteile gegenüber Herausforderern zu sichern. In diesem Zwiespalt zwischen Standardisierung und Segmentorien-

Im Zielkonflikt zwischen Standardisierung und Segmentorientierung

tierung tendieren viele Branchenführer dazu, den Weg effizienter Massenproduktion fortzusetzen. Sie investieren ihre Mittel in die Optimierung der Standardprodukte und vermarkten sie weiterhin in allen Marktsegmenten. Wie die Österreicher erkennen diese Anbieter die abweichenden Randsegmente ihres Marktes, gehen jedoch nicht gezielt auf deren Sonderprofil ein.

Beispiel:

So setzte Branchenführer General Motors bis in die 1970er-Jahre vor allem auf relativ einheitliche, langlaufende Massenmarktfahrzeuge. Am Marktrand bildeten sich jedoch abweichende »Lifestyle«-Segmente, die von Wettbewerbern gezielt mit Segmentprodukten wie Minivans angesprochen wurden.[113]

Selbst ein Drittel der erfolgreichen Unternehmen führt keine differenzierte Marktbearbeitung durch und adressiert die unterschiedlichen Marktsegmente mit der gleichen Priorität.[114] Darum werden die abweichenden Bedürfnisse der Randsegmente von vielen Branchenführern allenfalls mit maßvollen Produktvariationen bedient, die den Leistungskern – und damit die effizienten Produktionsstrukturen – nicht berühren. Solche oberflächlichen Leistungsanpassungen reichen aber häufig nicht aus, um Herausforderer abzuwehren, die sich auf Randsegmente konzentrieren und ihre Wertschöpfungskette konsequent darauf ausrichten, die Segmentbedürfnisse optimal zu bedienen.

Die einmal eingeschwungene Logik der Massenproduktion mit ihrer Tendenz, alle Segmente in ähnlicher Weise zu bedienen und zu verteidigen, lässt sich nur schwer umkehren. Um neben dem Massenmarkt auch Randsegmente gezielt anzusprechen, müssen Branchenführer die Effizienz ihrer Massenfertigung bewahren und gleichzeitig eine starke Segmentorientierung aufbauen. Diese Kombination aus Standardisierung und Segmentierung kann durchaus gelingen, wie das Beispiel des VW-Konzerns beweist, der mit seiner breiten Markenwelt auch Randsegmente des Automobilmarktes anspricht und dabei auf den Einsatz gleicher Bauteile bei unterschiedlichen Marken achtet. Ein entsprechender Spagat fällt aber gerade Unternehmen schwer, die ihren Status der Massenmarktorientierung verdanken. In der Konsequenz sind diese Unternehmen in den Randsegmenten zwar vertreten, aber angreifbar. Ihre Standardprodukte befriedigen immer mehr Segmente immer weniger.

So bieten sich Ansatzpunkte für Herausforderer, die gezielt nach Randsegmenten Ausschau halten und deren abweichende Anforderungen adressieren, um eine Ausgangsbasis für weitere Wachstumsschritte zu etablieren.

Das Neutralisierungsmanöver: Festlegung durch Investitionen

Wenn Branchenführer den Weg der Standardisierung gehen, beschneiden gerade jene Investitionen, die Herausforderer abwehren sollen, ihre Reaktionsmöglichkeiten gegenüber konzentrierten Segmentanbietern.

Prinz Karl blockierte sich in Leuthen selbst, indem er seine Ressourcen in eine starre Abwehrstellung investierte, die alle Geländesegmente absicherte. Diese umfassende Verteidigungsstrategie legte die Ressourcen der Österreicher frühzeitig fest. Darum konnte Prinz Karl seine Truppen nicht zügig zusammenziehen und kraftvoll reagieren, als Friedrich das Randsegment der Stellung eroberte. So trugen ausgerechnet die österreichischen Investitionen in eine umfassende Verteidigung maßgeblich zum Erfolg der Preußen bei.

Derselbe Neutralisierungseffekt entsteht oftmals, wenn Branchenführer alle Marktsegmente mit Standardprodukten abschirmen. Durch Investitionen in deren Wettbewerbfähigkeit legen sie ihre Ressourcen fest und schränken ihre Reaktionsmöglichkeiten ein. Sie zementieren die Ausrichtung des Produktprogramms, erschweren die segmentspezifische Ansprache und beschneiden ihre Fähigkeit, im Fall einer Wettbewerberoffensive gezielt auf Randsegmente einzugehen. In der Folge können viele Branchenführer den Offensiven von Herausforderern am Marktrand nicht wirksam entgegentreten, weil sie sich zuvor durch Standardisierungsmaßnahmen festgelegt haben und ihre Leistungen nicht segmentspezifisch

Ressourcenbindung bei Branchenführern

differenzieren können. Diese Selbstblockade kann auf unterschiedlichen Ebenen erfolgen:

- Investiert ein solcher Branchenführer beispielsweise in die Effizienz seiner Produktionsanlagen, kann er den Preis für seine Standardprodukte vielleicht senken. Er verschlechtert jedoch seine Stellung in den Randsegmenten, weil Standardprodukte abweichende Anforderungsprofile nicht adressieren, unabhängig davon, wie günstig die Produkte sind.

- Gleiches gilt, wenn der Branchenführer eine Qualitätsführerstrategie verfolgt. Investitionen in die Exzellenz seiner Standardprodukte verbessern die Stellung in jenen Massenmarktsegmenten, auf die seine Produkte ausgerichtet sind – steigern jedoch nicht die Wettbewerbsfähigkeit in den Randsegmenten mit abweichendem Anforderungsprofil.

Unabhängig davon, ob das Unternehmen eine Kostenführerstrategie oder eine Qualitätsstrategie verfolgt, zementiert es durch Investitionen in seine Wettbewerbsfähigkeit lediglich die bisherige Ausrichtung, legt seine Strukturen fest und schränkt seine Fähigkeit ein, flexibel auf Randbedrohungen zu reagieren.

Besonders betroffen von diesem Phänomen sind Großunternehmen, die in der Wachstumsphase ihres Marktes die Branchenstandards bestimmt und hohe Investitionen in Produktionskapazitäten, IT-Systeme oder Vertriebskanäle getätigt haben. Die eingesetzten Mittel müssen nun in möglichst vielen Segmenten zurückfließen. So hat SAP seine Entwicklungskosten über unterschiedliche Segmente refinanziert. Dieser »Skalendruck« hindert viele Branchenführer daran, auf einzelne Randsegmente einzugehen, die spezifischen Bedürfnisse dieser Segmente zu durchdringen und ihre Leistungserbringung darauf auszurichten, die Segmentbedürfnisse zu befriedigen. Darum fällt es solchen Branchenführern schwer, einen gezielten Angriff auf ein Randsegment abzuwehren, insbesondere wenn der Angriff mit einer Technik vorgenommen wird, die auf das Segment abgestimmt ist.

Das Angriffsmanöver: Die Segmentstrategie

Wenn Branchenführer die Randsegmente ihres Marktes mit Standardprodukten verteidigen, können Herausforderer diese Achillesferse für einen gezielten Segmentangriff nutzen. Der Vorstoß folgt der Grundidee, ein abweichendes Randsegment zu identifizieren und dessen Anforderungsprofil mit maßgeschneiderten Angeboten zu adressieren, um die Marktbarriere großer Wettbewerber zu überwinden. Anschließend wird das Randsegment als Sprungbrett genutzt, um schrittweise ins Marktzentrum vorzustoßen.

Die vier Schritte des Angriffsmanövers

Um die Erfolgschancen zu optimieren, sollten Herausforderer ihre Segmentoffensive in vier Schritten durchführen. Es geht darum, den Markt aus einem neuen Blickwinkel zu segmentieren, ein geeignetes Zielsegment auszuwählen, die Wertschöpfungskette konsequent auszurichten und Folgeschritte ins Marktzentrum zu planen.

Schritt 1: Randsegment identifizieren

Die Ausgangsbasis einer Segmentoffensive bildet eine effektive Segmentierung des Marktes, die relevante Anforderungsprofile offenlegt. Bereits mit diesem ersten Schritt können Herausforderer das Fundament für eine erfolgreiche Initiative legen, indem sie nicht den etablierten Segmentierungskriterien folgen, sondern den Markt aus einer neuen Perspektive betrachten.

In den meisten Industrien werden statistische Merkmale verwendet, um den Markt aufzuteilen. Bei Privatkunden werden beispielsweise Merkmale wie Alter, Geschlecht oder Kaufkraft zur Segmentierung herangezogen. Geschäftskunden werden häufig nach Umsatz oder Einkaufsvolumen klassifiziert. Solche Kriterien sind relativ leicht zu erheben und erlauben es, den Markt schnell und einfach zu gliedern. Die dabei entstehenden Segmente sagen aber wenig über die tatsächlichen Bedürfnisse unterschiedlicher Zielgruppen aus und folgen eher den internen, administrativen Bedürfnissen der Anbieter. Werden solche Kriterien zur Segmentierung verwendet, ist der Markt zwar formal aufgeteilt und kann unterschiedlichen Organisationseinheiten des Unternehmens zugeordnet werden. Abweichende Bedürfnisprofile lassen sich mit solchen Segmentierungsansätzen aber kaum identifizieren.

Diese Ausgangssituation können Herausforderer nutzen, um die Perspektive zu wechseln und den Markt konsequent aus dem Blickwinkel der Kunden zu betrachten. Der Wechsel von einer statistisch-beschreibenden zu einer nutzenorientierten Sichtweise legt echte Bedürfniscluster frei und hilft Herausforderern, jene Randsegmente zu identifizieren, die differenzierte Produktanforderungen stellen und von den Branchenführern nicht ausreichend erkannt oder befriedigt werden.

Beispiel:

Ein Exempel für die Kraft eines solchen Perspektivenwechsels stammt aus der Zementindustrie. Bei einem Industrieprodukt wie Zement sollte man annehmen, dass es weder abweichende Bedürfnisse noch sonderlich viel Spielraum für segmentspezifische Produktdifferenzierung gibt. Dieser Sichtweise folgten auch viele Unternehmen in der Zementindustrie und segmentierten den Markt vor allem nach Abnahmemengen und Qualitätsanforderungen. So unterschied einer der Branchenführer zwischen kleinen Hausbaufirmen, die günstige Produkte bevorzugen, und großen Hochbaukonzernen, die Topqualität für den Brückenbau benötigen. Diesen Markteinteilungen stellte der mexikanische Zementhersteller CEMEX eine andere Segmentierungsperspektive entgegen. In seinem Heimatmarkt hatte das Unternehmen die Erfahrung gemacht, dass ein Schlüsselproblem der Kunden darin bestand, das Produkt termingerecht zu erhalten. Angesichts problematischer Verkehrsverhältnisse in Mexiko war es schwierig, die pünktliche Zementauslieferung an den Baustellen sicherzustellen. Verspätungen verursachten Ausfallzeiten und Mehrkosten, die je nach Bauprojekt erheblich variierten.

Basierend auf dieser Erkenntnis wechselte CEMEX die Segmentierungsperspektive, gliederte das Angebot um und führte die Liefertermintreue als Qualitätsdimension ein. Grundsätzlich sicherte CEMEX seinen Kunden zu, den Zement innerhalb eines vereinbarten Zeitfensters anzuliefern. Wich der tatsächliche Lieferzeitpunkt vom vereinbarten Zeitfenster ab, wurde der Zement günstiger abgegeben.

→

Zur Umsetzung des Leistungsversprechens implementierte CEMEX ein satellitenge-
stütztes Kommunikationssystem, das die Zementfabriken und Lieferfahrzeuge miteinander verband, sowie eine zentrale Produktionsplanungsplattform, die es dem
Management erlaubte, die Wertschöpfungskette zu kontrollieren und Lieferzusagen
– in Abhängigkeit vom vereinbarten Zeitfenster – einzuhalten. Mit dieser Neuseg-
mentierung des Marktes gelang es CEMEX, neue Bedürfnissegmente zu identifizieren und die Anforderungen dieser Segmente mit einer innovativen Qualitätsdimension zielgenau zu adressieren.[115]

Im ersten Schritt einer Segmentoffensive sollten Herausforderer eine
Marktsegmentierung entwickeln, die konsequent aus der Kunden-
perspektive abgeleitet ist und die Anforderungsprofile der einzelnen
Segmente offenlegt. Ziel sollte es sein, ein Verständnis für das Anwen-
dungsumfeld unterschiedlicher Zielgruppen zu entwickeln und die spezifischen Herausforderungen zu erkennen, mit denen Kunden bei der
Nutzung der Produkte konfrontiert sind. Solche
Erkenntnisse lassen sich nur selten aus statis-
tischem Material oder quantitativen Marktfor-
schungsergebnissen ableiten. Vermeiden Sie es
darum, den Markt nach soziodemografischen
Kriterien einzuteilen. Wählen Sie stattdessen
qualitative Methoden, um neue Segmentierungsdimensionen zu ent-
decken. Beobachten oder befragen Sie unterschiedliche Nutzer der
Branchenprodukte nach ihren spezifischen Herausforderungen. Verlassen Sie sich nicht auf Statistiken, sondern versuchen Sie ein tieferes
Verständnis für die Einzelkunden zu gewinnen. Folgende Fragen sind
dabei von zentraler Bedeutung:

**Nicht auf Statistik, sondern auf
Kundenverständnis setzen**

- Wozu wird das Produkt von den unterschiedlichen Kunden verwendet?
- Welchen Nutzen soll es in den individuellen Anwendungssitua-
tionen schaffen?
- An welcher Stelle in der Wertschöpfungskette des Kunden greift
das Produkt ein und welches Produktmerkmal schafft den meisten Mehrwert?
- Welche speziellen Herausforderungen stellen sich in unterschied-

lichen Anwendungsfällen und sind diese Herausforderungen durch die Standardprodukte der Branchenführer abgedeckt?

Reduzieren Sie diese Betrachtungen nicht nur auf den funktionalen Nutzwert des Produkts, sondern beziehen Sie bewusst den emotionalen Produktnutzen in Ihre Überlegungen ein. Durch den Perspektivenwechsel von der statistischen Marktaufteilung hin zu einem tieferen, bedürfnisorientierten Segmentverständnis können Herausforderer neue Kundencluster identifizieren, die sich in ihrem Bedürfnisprofil von den Kernsegmenten des Marktes unterscheiden und eine Chance eröffnen, die Bastion der großen Wettbewerber ins Visier zu nehmen.

Schritt 2: Auswahl der Segmente

Nachdem entsprechende Randsegmente identifiziert wurden, muss im zweiten Schritt des Angriffsmanövers geprüft werden, ob diese Segmente als Trittsteine genutzt werden können, um den Markt »von der Seite kommend« aufzurollen. Für diesen Bewertungsschritt können Herausforderer die bereits eingeführte 3-F-Regel verwenden (vgl. Abb. 35). Geeignete Randsegmente sollten frei von starken Segmentspielern sein, mit den vorhandenen Kernkompetenzen des Herausforderers erschlossen werden können und Anknüpfungspunkte für weitere Schritte in Richtung des Marktzentrums bieten.

Abb. 35: Die 3-F-Regel

Das jeweils nächste zu besetzende Segment sollte folgende Kriterien erfüllen:

1. Frei	Das Segment sollte nicht im Fokus eines stärkeren Wettbewerbers stehen.
2. Fähigkeiten	Das Segment sollte mit den existierenden Kompetenzen zu adressieren sein.
3. Folgeschritt	Das Segment sollte Ihnen Anknüpfungspunkte für Folgeschritte in Richtung des Marktzentrums schaffen.

Schritt 3: Konsequente Ausrichtung der Wertschöpfungskette

Nachdem die geeigneten Randsegmente identifiziert sind, geht es im dritten Schritt der Segmentstrategie darum, die Bedürfnisse dieser Segmente präziser zu treffen als die Branchenspitze. Der Herausforderer sollte – um im Bild der Schlacht von Leuthen zu sprechen – seine Truppen und seine Taktik optimal auf das Geländeprofil der Schlüsselsegmente abstimmen. Dazu sollten Herausforderer nicht nur das Produkt, sondern die ganze Leistungserbringung konsequent auf das jeweilige Randsegment ausrichten. Diese Konsequenz können sich Branchenführer aufgrund ihrer Investitionen in Massenmarktstrukturen meist nicht erlauben. Auf diese Weise kann der Herausforderer den Standardprodukten der Branchenführer eine segmentspezifische Leistung gegenüberstellen, die sich entlang der gesamten Wertschöpfungskette differenziert. Prüfen Sie vor allem folgende Leistungselemente:

Das Segmentprofil in allen Leistungselementen berücksichtigen

- **Produkt:** Wie kann das Kernprodukt an sich verändert werden, um die zentralen Forderungen der Nutzer besser zu befriedigen?
- **Leistungserbringung:** Kann die Art und Weise, in der die Leistung erbracht, ausgeliefert oder präsentiert wird, stärker an die Bedürfnisse des Randsegments angepasst werden?
- **Service:** Mit welchen Zusatzdienstleistungen können die spezifischen Bedürfnisse des Randsegments gezielter angesprochen werden?
- **Pricing:** Bilden die Preisstrukturen des Marktes tatsächlich die Kernbedürfnisse der Randsegmente ab? Oder richten sich die Preise nach den etablierten Qualitätskriterien der Branche?
- **Marke:** Kann die Randgruppe mit einer maßgeschneiderten Markenpositionierung gezielter adressiert werden? Lässt sich der emotionale Nutzen des Kernprodukts durch eine Nischenmarke steigern?

Werden neben dem Kernprodukt auch die anderen Hebel der Leistungserbringung bewegt, steigen die Erfolgschancen des Angriffsmanövers signifikant an.[116] Darum ist es für Herausforderer so wichtig, neben dem Produkt auch die gesamte Wertschöpfungskette konsequent aus-

zurichten. Erst diese Konsequenz stellt sicher, dass die Anforderungsprofile der Randsegmente getroffen werden, und sie erschwert es den
Branchenführern, die Wachstumsoffensive wirksam zu kontern.

Beispiel:

So hat der mexikanische Zementanbieter CEMEX seine komplette Wertschöpfungskette konsequent auf das neue Qualitätsmerkmal der Liefertermintreue ausgerichtet. Auf diese Weise konnte CEMEX ein Leistungsprofil aufbauen, das andere Wettbewerber nicht einfach kopieren konnten.

Schritt 4: Folgeschritte ins Marktzentrum prüfen

Prüfen Sie anschließend, welche Anknüpfungspunkte in weitere An-
wendungssegmente Ihnen das Schlüsselsegment am Marktrand er-
öffnet. Nutzen Sie den Vorteil, mit dem Schlüsselsegment eine loyale
Kundengruppe akquiriert zu haben, die als Multiplikator dienen kann.
Unter Umständen besitzen diese Kunden auch Geschäftsfelder im
Marktzentrum, die nun adressiert werden können.

Folgen Sie konsequent dem segmentorientierten Pfad, der echte Bedürfnisse identifiziert, anstatt den Markt nach administrativen Ge-
sichtspunkten aufzuteilen. Auf diesem Weg werden Ihnen jene Branchenführer, die diese Unterschiede nicht wahrnehmen, auch nicht
folgen können.

Zusammenfassung der Strategie

Strategie Nr. 5: Ein Randsegment als Sprungbrett nutzen

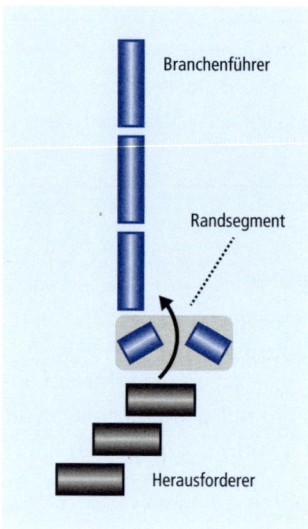

Die **Achillesferse** entsteht, wenn Branchenführer alle Marktsegmente auf ähnliche Weise ansprechen und die Profile abweichender Randsegmente zu wenig beachten.

Investitionen des Branchenführers in Standardprodukte wirken wie **Neutralisierungsmanöver** und beschränken seine Fähigkeit, auf segmentorientierte Wettbewerberinitiativen zu reagieren.

Der Herausforderer führt sein **Angriffsmanöver**, indem er die Randsegmente des Marktes mit maßgeschneiderten Angeboten anspricht, um sie anschließend als Sprungbrett für Folgeschritte ins Marktzentrum zu nutzen.

Zusammenfassung:
Die fünf ANA-Strategien

Strategie Nr. 1: Das Kerngeschäft umfassen

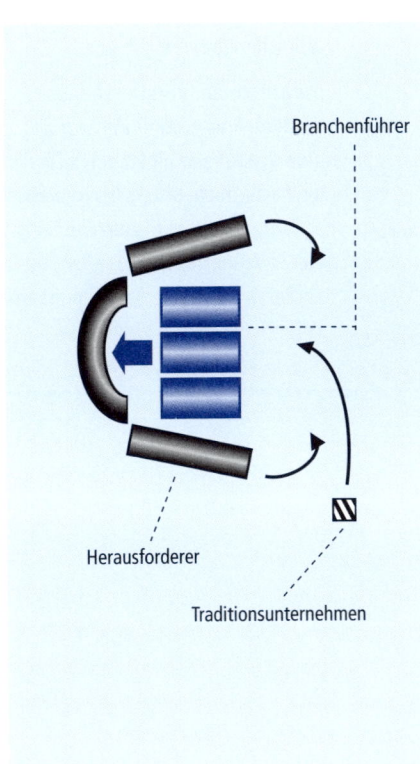

Die **Achillesferse** entsteht, wenn Branchenführer das Kerngeschäft zu eng definieren und an den Markträndern Freiräume für eine Umfassung schaffen.

Der Herausforderer vermeidet die direkte Konfrontation mit den Branchenführern und beschreitet eine Umfassungsroute entlang der freien Marktränder. Ziel dieses **Neutralisierungsmanövers** ist es, in Ruhe eine starke Kostenposition aufzubauen und die eigene Technologiebasis zu erweitern.

Danach schließt der Herausforderer seine letzten Know-how-Lücken mithilfe etablierter, aber unwirtschaftlicher Traditionsanbieter und führt ein direktes **Angriffsmanöver** auf das eingeschlossene Kernsegment der Branche durch.

Strategie Nr. 2: Die Überdehnung der Konkurrenten nutzen

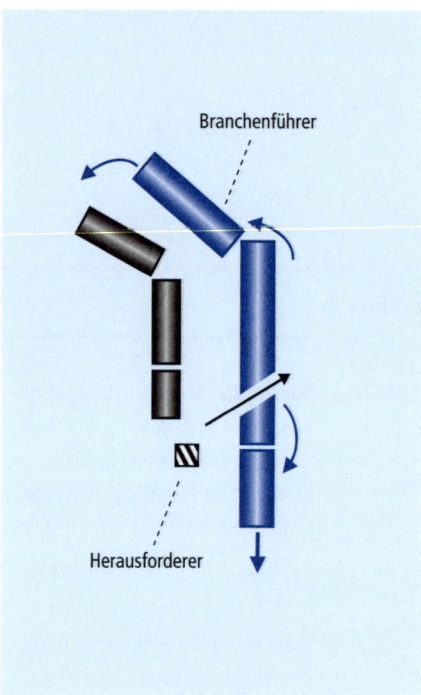

Branchenführer

Herausforderer

Achillesferse: Der Branchenführer folgt dem Overstretch-Muster und dehnt seinen Leistungsumfang an den Markträndern aus. Dadurch entfernt er sich von der Preisführerposition für die Basisleistung der Branche.

Neutralisierungsmanöver: Das Overstretch-Muster erzeugt Komplexitätsbarrieren, die eine wirksame Gegeninitiative überdehnter Branchenführer verzögern.

Angriffsmanöver: Der Herausforderer konzentriert sich auf die Basisleistung, baut Komplexität ab und schafft ein schlankes Betriebssystem, das alle Effizienzvorteile der Leistungsreduktion nutzt. Auf dieser Grundlage erfolgt eine Preisoffensive ins Marktzentrum.

Strategie Nr. 3: Etablierte Strukturen brechen

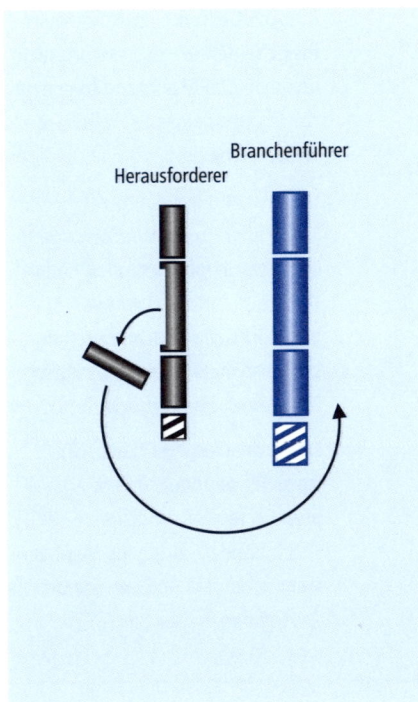

Die Achillesferse entsteht, wenn Branchenführer Basisinnovationen am Marktrand erkennen, aber in der Ausgangsstellung verharren und deren Chancen nicht konsequent nutzen.

Das Neutralisierungsmanöver führen Branchenführer selber durch, indem sie an etablierten Leistungsversprechen festhalten und ihre Ressourcen weiterhin im Marktzentrum konzentrieren.

Der Herausforderer geht zum Angriffsmanöver über, indem er die neue Basistechnologie am Marktrand frühzeitig erkennt, die eigenen Strukturen neu ausrichtet und ein alternatives Leistungsversprechen mithilfe der neuen Basistechnologie konsequent umsetzt.

Strategie Nr. 4: Die Erwartungswelle antizipieren

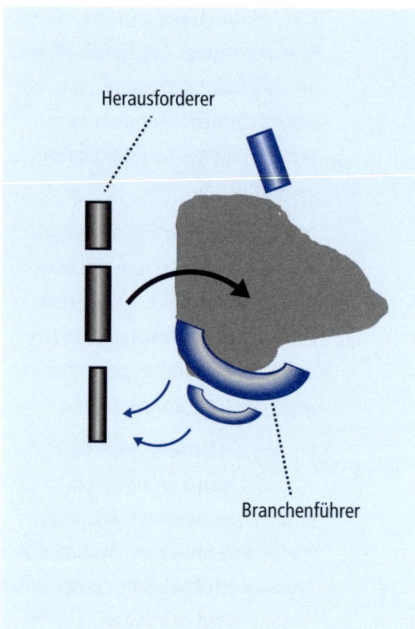

Die **Achillesferse** entsteht, wenn Branchenführer einer Erwartungswelle an den Marktrand folgen, um die Chancen eines aktuellen Trends wahrzunehmen.

Die Erwartungswelle wirkt wie ein **Neutralisierungsmanöver**, wenn sich Branchenführer auf die erhofften Wachstumsperspektiven am Marktrand konzentrieren und die Verteidigung des gesättigten Marktzentrums zurückstufen.

Der Herausforderer führt sein **Angriffsmanöver**, indem er die Erwartungswelle antizipiert, antizyklisch handelt, zügig ins Marktzentrum nachrückt und wechselbereite Zielsegmente adressiert.

Strategie Nr. 5: Ein Randsegment als Sprungbrett nutzen

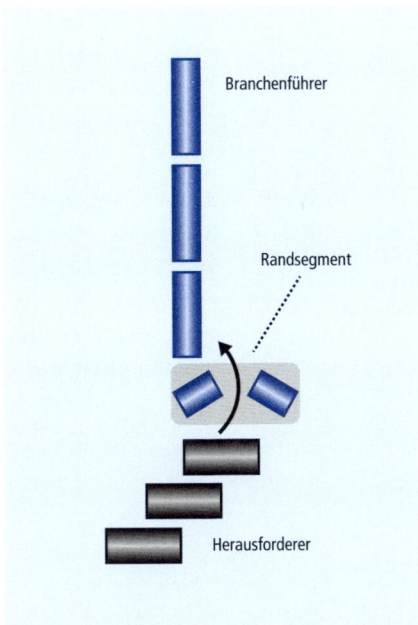

Die **Achillesferse** entsteht, wenn Branchenführer alle Marktsegmente auf ähnliche Weise ansprechen und die Profile abweichender Randsegmente zu wenig beachten.

Investitionen des Branchenführers in Standardprodukte wirken wie **Neutralisierungsmanöver** und beschränken seine Fähigkeit, auf segmentorientierte Wettbewerberinitiativen zu reagieren.

Der Herausforderer führt sein **Angriffsmanöver**, indem er die Randsegmente des Marktes mit maßgeschneiderten Angeboten anspricht, um sie anschließend als Sprungbrett für Folgeschritte ins Marktzentrum zu nutzen.

TEIL IV:

Die Anwendung

Strategien wirkungsvoll einsetzen

Nachdem die Strategien von Caesar & Co. vorgestellt wurden, geht es nun darum, wie Unternehmen diese Vorlagen in ihrer individuellen Ausgangslage wirksam einsetzen können. Dazu gilt es die Wettbewerbssituation des Unternehmens systematisch zu analysieren, die erfolgversprechendste Strategie auszuwählen und bei ihrer Umsetzung einige zentrale Erfolgsfaktoren zu beachten.

In den vorangegangenen Kapiteln wurden fünf Erfolgsstrategien für den Wettlauf um Wachstum dargestellt. Sie folgen den grundlegenden ANA-Prinzipien, gleichen Größennachteile aus und schaffen optimale Voraussetzungen im Wettbewerb mit Branchenführern. Diese Strategien müssen jedoch situationsgerecht eingesetzt und effektiv implementiert werden, um im Wettstreit mit großen Konkurrenten ihr volles Potenzial zu entfalten. Welche ANA-Strategie im Einzelfall die wirksamste ist, hängt von der Wettbewerbssituation des Unternehmens

Die beste Strategie für die konkrete Unternehmenssituation auswählen

ab. Denn eine universelle Erfolgsstrategie existiert nicht. Der Anwendungserfolg wird stets davon bestimmt, angesichts einer konkreten Ausgangslage die passende Strategie zu identifizieren und kontextbezogen umzusetzen. Wie wichtig die situationsgerechte Strategiewahl und Implementierung für den Enderfolg ist, zeigt der Direktvergleich zwischen zwei bereits behandelten Schlachten (vgl. Abb. 36 auf S. 180).

- In der *Schlacht von Cannae* entschied sich Hannibal für die Umfassungsstrategie. Der karthagische Feldherr schnürte seinen Gegenspieler Varro in der Schauplatzmitte ein – und siegte.

- In der *Schlacht von Gaugamela* setzte Persiens König Dareios die gleiche Strategie gegen Alexander den Großen ein – und scheiterte.

Wie konnte die gleiche Strategiewahl so unterschiedliche Ergebnisse verursachen? Hannibal setzte die Umfassungsstrategie in einer geeigneten Wettbewerbssituation ein und stellte deren erfolgreiche Implementierung durch Kommunikations- und Koordinationsmaßnahmen sicher. Dareios hingegen nutzte diese Strategie in einer völlig ungeeigneten Ausgangslage und ignorierte die entscheidenden Erfolgsfaktoren ihrer Umsetzung.

Abb. 36: **Die Schlachten von Cannae und Gaugamela im Vergleich**

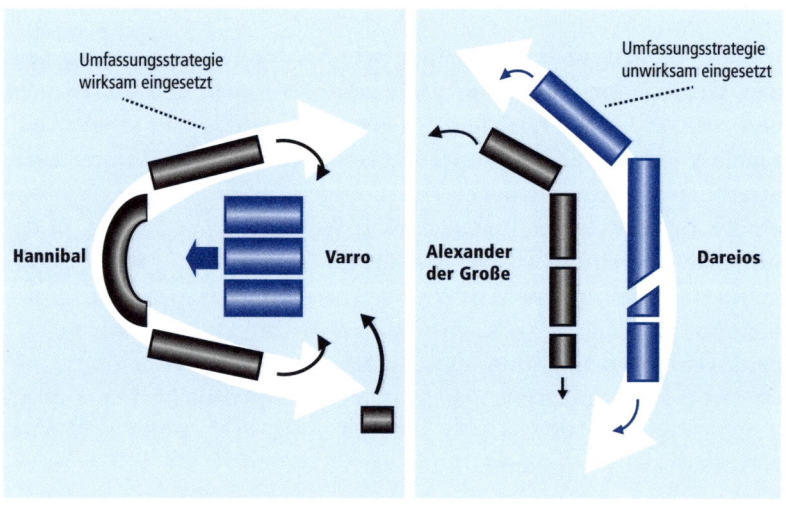

Hannibals Strategiewahl entsprach den konkreten Bedingungen des Schauplatzes. Sein Gegenspieler Varro war eng aufgestellt und konzentrierte sich auf die Schlachtfeldmitte. Hannibal erkannte diese Achillesferse und nutzte sie, um den Wettbewerber entlang der Außenlinien einzukesseln. Varros Truppen stellten sich diesem Umfassungsversuch nicht in den Weg, sondern unterstützten ihn durch einen Vorstoß sogar. Darum entsprach die Umfassungsstrategie in dieser Situation den ANA-Prinzipien. Darüber hinaus handelten Hannibals Einheiten abgestimmt und verliehen dem Umfassungsring die notwendige Flexibilität und Festigkeit. So konnte die gewählte Strategie ihr volles Potenzial entfalten und Hannibal siegen.

Dareios hingegen war mit einem Wettbewerber konfrontiert, der keine Achillesferse für eine erfolgreiche Umfassung besaß. Die Truppen von Alexander dem Großen standen nicht eng gedrängt in der Schauplatzmitte, sondern waren besonders breit aufgestellt, um einer Umfassung entgegenzuwirken. Zu allem Überfluss unterliefen Dareios einige operative Umsetzungsfehler. Seine Einheiten agierten unkoordiniert und ließen die Schlachtlinie reißen. So verspielte Dareios seine Siegeschance durch eine Strategiewahl, die nicht der Wettbewerbssituation entsprach, und durch handwerkliche Fehler bei deren Implementierung.

Ein systematischer Prozess zur Strategieanwendung

Im Folgenden geht es darum, wie Sie als Herausforderer die Strategien von Caesar & Co. erfolgreich in der Praxis einsetzen können. Dazu wird ein strukturierter Prozess vorgestellt, der Schritt für Schritt durch die einzelnen Phasen der Strategieanwendung führt. Er wird Sie dabei unterstützen, in der individuellen Unternehmenssituation die wirksamste ANA-Strategie auszuwählen, und berücksichtigt zentrale Erfolgsfaktoren der Strategieimplementierung. Dazu fokussiert sich der Prozess vor allem auf drei entscheidende Anwendungs- und Umsetzungsaspekte (vgl. Abb. 37).

Abb. 37: Anwendungsprozess

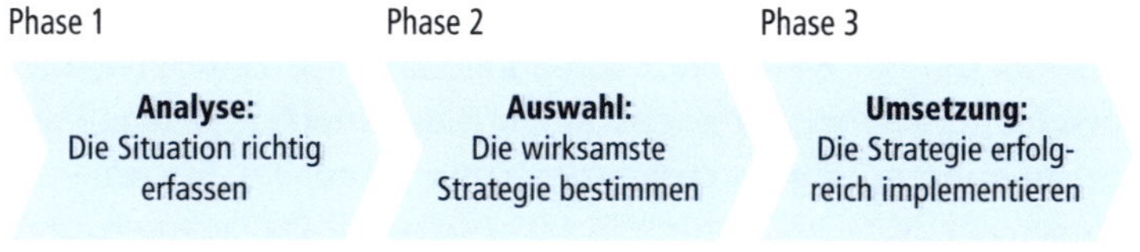

Phase 1	Phase 2	Phase 3
Analyse: Die Situation richtig erfassen	**Auswahl:** Die wirksamste Strategie bestimmen	**Umsetzung:** Die Strategie erfolgreich implementieren

- In **Phase 1** geht es darum, wie Herausforderer die Wettbewerbssituation strukturiert analysieren können und eine geeignete Grundlage für Strategieentscheidungen herstellen. Dazu wird ein Analyserahmen vorgestellt, der die zentralen Elemente und Zusammenhänge des Wettbewerbsumfelds erfasst.
- Die **Phase 2** stellt ein Verfahren vor, mit dem Herausforderer zügig die relevanten ANA-Strategien identifizieren und deren Eignung in der konkreten Situation prüfen können.
- Die **Phase 3** präsentiert wesentliche Erfolgsfaktoren der Strategieumsetzung, die Herausforderer stets beachten sollten, um die Wirksamkeit ihrer Initiativen sicherzustellen.

Diesen Prozess können Herausforderer als persönlichen Anwendungsleitfaden verwenden, um die Strategien von Caesar & Co. im Kontext unterschiedlicher Unternehmenssituationen erfolgreich einzusetzen.

Analyse: Die Ausgangssituation richtig erfassen

Ziel der Situationsanalyse ist es, ein klares Bild der Ausgangslage zu entwerfen und die Schlüsselmerkmale der Wettbewerbssituation zu erfassen. Das Analyseergebnis dient anschließend als Entscheidungsgrundlage für die situationsgerechte Auswahl der wirksamsten ANA-Strategie.

Da eine sinnvolle Strategiewahl nur im Kontext der konkreten Unternehmenssituation möglich ist, sollten Herausforderer zunächst das Marktumfeld in der richtigen Tiefe analysieren, um eine Basis für die folgenden Bewertungs-, Auswahl- und Implementierungsschritte zu schaffen. Dabei ist es entscheidend, nicht in Einzelheiten unterzugehen, sondern die Wettbewerbssituation auf ihre charakteristischen Kernelemente zu reduzieren und deren Zusammenhänge darzustellen. Zur Visualisierung dieser Zusammenhänge kann das Instrument des Lagefensters eingesetzt werden. Analysieren Sie das Wettbewerbsumfeld, indem Sie stufenweise das Lagefenster ihres Marktes erstellen und dabei folgende Schlüsselelemente erfassen: Marktsegmente, Wettbewerberprofile, Branchentrends und Marktbesonderheiten.

1. Marktsegmente
Erstellen Sie zunächst ein Grundraster, das die wesentlichen Marktsegmente darstellt. Positionieren Sie die großen Hauptsegmente der
Branchenführer in der Mitte und – in abnehmender Reihenfolge – die
kleineren Nischensegmente an den Rand. Für die erste Basisanalyse
können Sie sich an der etablierten Segmentstruktur der Branche ori-
entieren.

Die Erstellung des Lagefensters wird im Folgenden am Beispiel eines
Automobilmarktes illustriert. Das Beispiel ist fiktiv, aber an die Verhältnisse des deutschen Automarktes angelehnt. In Abb. 38 ist die Segmentstruktur dieses Marktes dargestellt. Der Markt ist in fünf Segmente gegliedert. In der Mitte befinden sich die umsatzstarken Segmente
der Ober- und Mittelklassefahrzeuge. Am Rand sind die Nischensegmente für Transporter und Kleinwagen angeordnet. Die Balkenhöhe
repräsentiert den Umsatzanteil des entsprechenden Segments am Gesamtmarkt.

Abb. 38: Marktsegmente

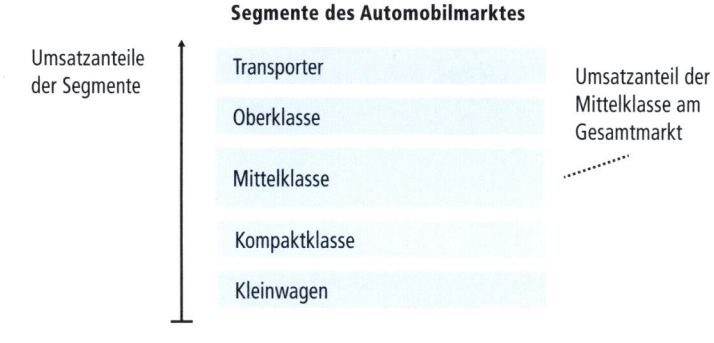

2. Wettbewerberprofile
Analysieren Sie anschließend das Wettbewerbsprofil des Branchenführers. Dabei gilt es zwei Unternehmensaspekte zu erfassen: die aktuelle *Position* und die *Stoßrichtung*.

Ermitteln Sie zunächst die Position des Branchenführers im Segment-raster. Markieren Sie hierzu, in welchen Segmenten der Branchenführer vertreten ist (vgl. Abb. 39). Es geht vor allem darum, Positionierungslücken und Schwachstellen des Wettbewerbers zu erkennen, um später die eigenen Ressourcen mithilfe einer geeigneten ANA-Strategie auf diese Achillesfersen zu lenken.

Im Fall des fiktiven Automobilmarktes sind die Positionen eines Komplettanbieters und eines Premiumanbieters entlang der einzelnen Marktsegmente dargestellt. Während der Komplettanbieter in vier Segmenten vertreten ist, konzentriert sich der Premiumanbieter auf das Oberklasse- und das Mittelklassesegment (vgl. Abb. 39).

Abb. 39: Wettbewerberprofile

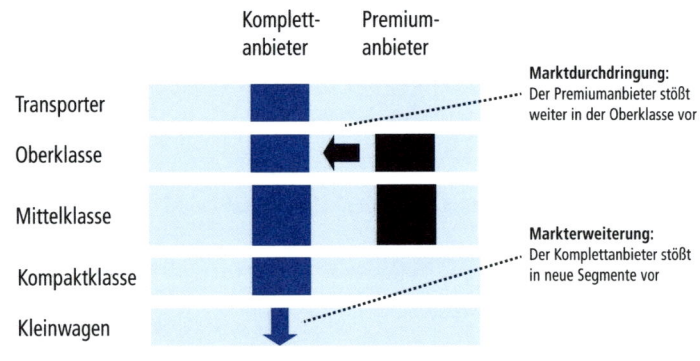

Stellen Sie anschließend die Stoßrichtung des Branchenführers dar. Markieren Sie dazu seine Wachstumspfade im Segmentraster mit Pfeilsymbolen. Dabei kann man zwei Grundstoßrichtungen unterscheiden (vgl. Abb. 39): zum einen die **Marktdurchdringung**, zum anderen die **Markterweiterung**. Bei der Marktdurchdringung konzentriert sich der Branchenführer auf Marktanteilsgewinne im etablierten Kerngeschäft. Bei der Markterweiterung hingegen expandiert er in neue Randsegmente.

Die Analyse der Stoßrichtungen ist entscheidend, um diese später zu Neutralisierungszwecken nutzen zu können. Denn der Neutralisierungseffekt der vorgestellten ANA-Strategien basiert zumeist auf einer eingeleiteten Bewegung des Branchenführers, die schwer abzubrechen ist und dessen Handlungsoptionen einschränkt. Solche Bewegungen gilt es zu identifizieren.

Im Beispiel des fiktiven Automobilmarktes verfolgt der Premiumanbieter eine *Marktdurchdringungsstrategie* und konzentriert sich darauf, seinen Marktanteil innerhalb des Kernsegments der Oberklasse zu erweitern, während der Komplettanbieter eine *Markterweiterungsstrategie* verfolgt und in das Segment für Kleinwagen vorstößt (vgl. Abb. 39).

3. Branchentrends

Im nächsten Schritt geht es darum, Branchentrends am Marktrand zu identifizieren, die entweder als Grundlage einer *Basisinnovation* oder als Ausgangspunkt einer *Erwartungswelle* dienen können. Achten Sie hierzu auf neue Basistechnologien und neue Geschäftsmodelle. Markieren Sie alle Segmente, in denen diese Trends bereits wirksam sind, und stellen Sie fest, in welchem Umfang die Branchenführer darauf reagieren. Richten die Wettbewerber ihr Kerngeschäft konsequent auf die Branchentrends aus? Oder versuchen sie, die Trends zu nutzen, ohne ihre aktuelle Position zu verlassen?

Im betrachteten Automobilmarkt-Beispiel schafft der Trend zur Elektromobilität neue Chancen am Marktrand. Der Trend befindet sich in einer frühen Phase und ist lediglich von Nischenanbietern im Kleinwagensegment aufgenommen worden. Während der Premiumanbieter nicht auf den neuen Trend eingeht, versucht der Komplettanbieter die neue Technologie aus seiner bestehenden Marktaufstellung zu nutzen, ohne sich jedoch neu zu positionieren (vgl. Abb. 40).

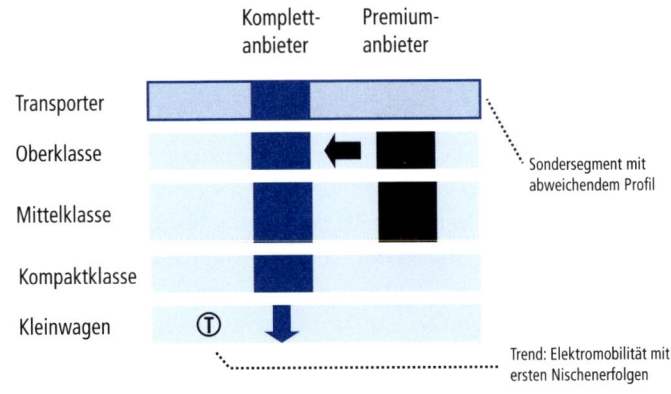

4. *Marktbesonderheiten*

Markieren Sie abschließend Branchenanomalien wie Marktbarrieren und spezielle Segmente an den Markträndern, die entweder Hindernisse darstellen oder eine spezielle Marktbearbeitungsstrategie erfordern. Stellen Sie fest, ob diese »Sonderfälle« von den Branchenführern differenziert behandelt werden.

Im Beispiel des Automobilmarktes weicht das Anforderungsprofil des Transportersegments vom Restmarkt ab. Die Geschäftskunden in diesem Segment sind bereit, Kompromisse in Komfort und Ausstattung zugunsten von Belastbarkeit und Preiswürdigkeit einzugehen. Der Komplettanbieter geht jedoch nicht gezielt auf dieses abweichende Anforderungsprofil ein, weil er Skaleneffekte mit den Produkten anderer Marktsegmente realisieren will (vgl. Abb. 40).

Fokus auf relevante Wettbewerber

Um ein Übermaß an Komplexität zu vermeiden, sollten Sie sich bei Ihrer Wettbewerbsanalyse auf höchstens drei maßgebliche Wettbewerber konzentrieren. In der Regel vereinen in gesättigten Märkten wenige Branchenführer einen Großteil des Marktanteils auf sich. [117] Darum können sich Herausforderer durch die Analyse dieser wenigen Wettbewerber bereits ausreichende Wachstumsspielräume erschließen. Zur Erstellung des Lagefensters sollten Sie nicht nur die publizierten Daten zu Markt und Wettbewerb nutzen, sondern auch die Einschätzungen Ihrer Mitarbeiter, Kunden und Geschäftspartner im Markt verwenden.[118]

Zusammenfassung

Das Ergebnis dieser vier Analyseschritte ist ein vollständiges Lagefenster der Wettbewerbssituation. So sind alle wesentlichen Informationen und Zusammenhänge des Marktumfelds in einem Schema visualisiert. Bereits in diesem Stadium sind Situationsmerkmale klar erkennbar, die bei der anschließenden Auswahl der richtigen Strategie eine entscheidende Rolle spielen.

Im bereits vorgestellten Beispiel des Automobilmarktes etwa ist klar erkennbar, dass der Trend zur Elektromobilität von den Branchenführern nicht entschlossen aufgegriffen wird und die Chance für eine Basisinnovation im Stil von Apple eröffnet. Im Gegensatz dazu bietet das Oberklassesegment die geringsten Ansatzpunkte, da es nicht nur stark besetzt ist, sondern auch in der Hauptstoßrichtung des Premiumanbieters liegt.

Auf der Basis der Wettbewerbsanalyse kann nun der zweite Schritt der Strategieanwendung erfolgen: die Auswahl der optimalen Strategie.

Auswahl: Die wirksamste Strategie bestimmen

Nach der strukturierten Situationsanalyse kann die Auswahl der wirksamsten Strategie erfolgen. Es geht zunächst darum, das Spektrum der relevanten ANA-Strategien zu bestimmen, um diese Strategien in einem zweiten Schritt eingehender zu untersuchen und die Endauswahl zu treffen.

Caesar, Napoleon & Co. verdanken ihre Erfolge vor allem der richtigen Strategieauswahl. Sie haben die Achillesfersen der Konkurrenten zutreffend analysiert und diejenigen Strategien eingesetzt, die angesichts der konkreten Wettbewerbsbedingungen die besten Erfolgschancen besaßen. Für Unternehmen ist es ebenso entscheidend, nach der Analysephase eine möglichst situationsgerechte Strategie auszuwählen. Dieser Auswahlschritt ist maßgeblich, weil Strategien nicht kurzfristig revidierbar sind und sich die Konsequenzen von Fehlentscheidungen meist erst dann zeigen, wenn es für Korrekturen bereits zu spät ist.[119] Um eine sichere Entscheidung zu treffen und mit der passenden Strategie optimale Erfolgsvoraussetzungen zu schaffen, sollten Herausforderer einem zweistufigen Prozess folgen (vgl. Abb. 41). Im ersten Schritt erfolgt eine *Vorauswahl* geeigneter Strategien auf der Basis weniger Schlüsselkriterien der Wettbewerbssituation. Danach wird im zweiten Schritt die *Detailprüfung* dieser Strategien durchgeführt und eine finale Entscheidung gefällt. Der Auswahlprozess wird im Folgenden zunächst für den Wettbewerb mit einem einzigen Branchenführer vorgestellt. Anschließend geht der Abschnitt auf Besonderheiten des Wettbewerbs mit mehreren Branchenführern ein.

Abb. 41: Strategieauswahl in zwei Schritten

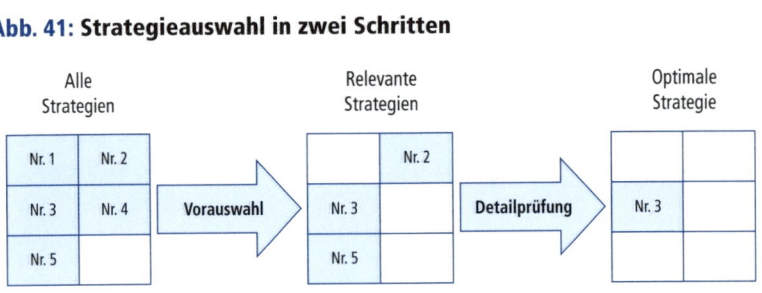

Die Vorauswahl

In der Vorauswahl geht es darum, das Spektrum relevanter ANA-Strategien einzugrenzen. Dazu werden drei Merkmale des Branchenführers betrachtet. Die Merkmale sind in Abb. 42 in Form der Achillesmatrix dargestellt. Es handelt sich um die *Marktabdeckung* des Branchenführers, seine *Reaktion auf Trends* sowie den Grad seiner *Segmentorientierung*. Diese drei Wettbewerbsmerkmale verursachen Achillesfersen und schaffen Ansatzpunkte für den Einsatz von ANA-Strategien.

> **Drei Merkmale des Branchenführers zur Vorauswahl heranziehen**

Abb. 42: Die Achillesmatrix – Strategien in Abhängigkeit von den Merkmalen des Branchenführers

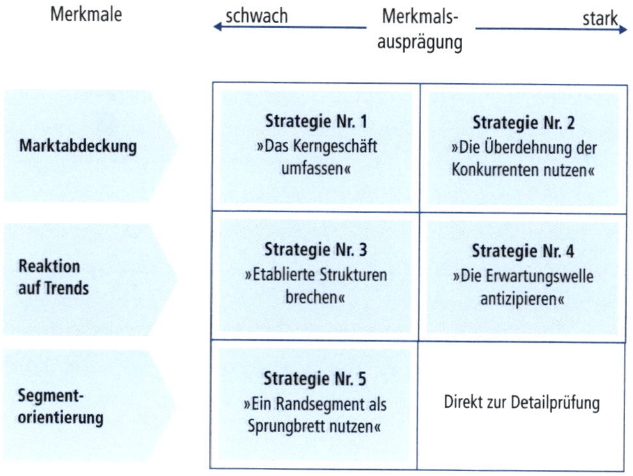

Merkmale	schwach ← Merkmalsausprägung → stark	
Marktabdeckung	**Strategie Nr. 1** »Das Kerngeschäft umfassen«	**Strategie Nr. 2** »Die Überdehnung der Konkurrenten nutzen«
Reaktion auf Trends	**Strategie Nr. 3** »Etablierte Strukturen brechen«	**Strategie Nr. 4** »Die Erwartungswelle antizipieren«
Segmentorientierung	**Strategie Nr. 5** »Ein Randsegment als Sprungbrett nutzen«	Direkt zur Detailprüfung

---

Je nachdem, ob diese Merkmale des Branchenführers stark oder schwach ausgeprägt sind, können unterschiedliche ANA-Strategien in die engere Wahl genommen werden. Folgen Sie der Achillesmatrix zeilenweise, um zu bestimmen, welche ANA-Strategien in Abhängigkeit des konkreten Wettbewerberprofils infrage kommen.

Erstes Wettbewerbsmerkmal bei der Vorauswahl ist die **Marktabdeckung**. Es geht darum, wie eng oder breit der Branchenführer im Markt aufgestellt ist. Branchenführer mit einer schwachen Marktabdeckung sind eng aufgestellt, fokussieren sich auf wenige Segmente und wachsen meist durch Marktanteilsgewinne im etablierten Marktzentrum. Im Gegensatz dazu sind Branchenführer mit einer starken Marktabdeckung breit aufgestellt, bearbeiten zahlreiche Segmente und zielen mit ihrer Wachstumsstrategie auf neue Randsegmente des Marktes (vgl. Abb. 43).

Abb. 43: Marktabdeckung

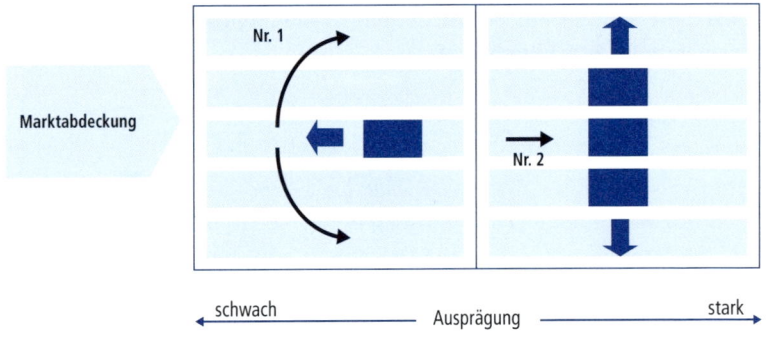

Abhängig von der Marktabdeckung des Branchenführers können Herausforderer unterschiedliche ANA-Strategien in die engere Wahl einbeziehen:

- *Schwache Marktabdeckung:* Falls der Branchenführer eng aufgestellt ist und nur wenige Segmente des Marktes abdeckt, schafft er unter Umständen Freiräume an den Markträndern, die – wie im Fall von TTI – mit der Umfassungsstrategie genutzt werden können *(vgl. Strategie Nr. 1: »Das Kerngeschäft umfassen«).*

- *Starke Marktabdeckung:* Ist der Branchenführer hingegen breit aufgestellt und in zahlreichen Marktsegmenten aktiv, dann folgt er eventuell dem Muster des *Overstretchs.* In diesem Fall kommt die

Reduktionsstrategie in Betracht, wie sie etwa Ryanair eingesetzt hat *(vgl. Strategie Nr. 2: »Die Überdehnung des Konkurrenten nutzen«)*.

In der nächsten Zeile der Achillesmatrix geht es um die Reaktion auf **Branchentrends**. Für die Strategieauswahl ist ausschlaggebend, wie sich der Branchenführer gegenüber den identifizierten Branchentrends verhält. Dabei gilt es zwei Verhaltensweisen zu unterscheiden. Zum einen gibt es Branchenführer, die sich entschlossen auf Branchentrends ausrichten und ihr Kerngeschäft verschieben, um von den neuen Geschäftschancen am Marktrand voll zu profitieren. Andere Branchenführer versuchen solche Trends zu nutzen, ohne das Kerngeschäft zu verlagern, oder beachten die Trends gar nicht (vgl. Abb. 44).

Abb. 44: Reaktion auf Trends

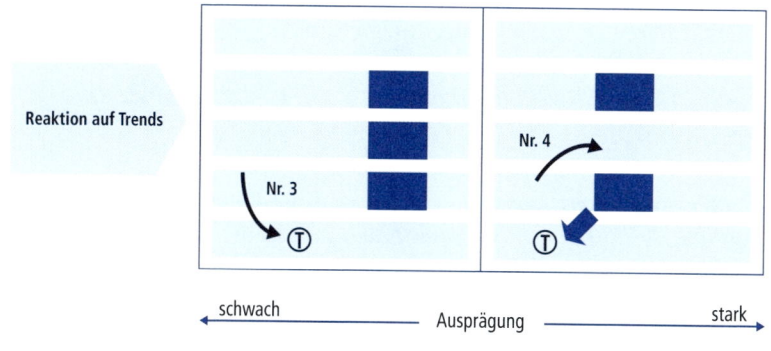

Abhängig von der Reaktion des Branchenführers auf Trends entstehen unterschiedliche Ansatzpunkte für eine Wachstumsoffensive nach dem ANA-Schema:

- *Schwache Reaktion:* Reagiert der Branchenführer zögerlich auf neue Trends, entstehen häufig Freiräume am Marktrand. In diesem Fall bietet sich die Innovationsstrategie an, der Apple mit dem iPod gefolgt ist *(vgl. Strategie Nr. 3: »Etablierte Strukturen brechen«)*.

- *Starke Reaktion:* Verschiebt der Branchenführer hingegen seinen Geschäftsfokus, um neue Trends konsequent zu nutzen, entstehen durch seine Neupositionierung unter Umständen Freiräume im Zentrum. Diese können Herausforderer besetzen. Dazu bietet sich die Nachrückstrategie an, wie sie beispielsweise die ING-DiBa eingesetzt hat *(vgl. Nr. 4: »Die Erwartungswelle antizipieren«).*

Das dritte Merkmal der Vorauswahl ist die **Segmentorientierung** des Branchenführers. Dabei geht es um die Frage, ob der Branchenführer abweichende Randsegmente des Marktes differenziert oder standardisiert bearbeitet.

- *Schwache Segmentorientierung:* Falls der betreffende Branchenführer unterschiedliche Marktsegmente mit einem einheitlichen Angebot bearbeitet, entstehen vermutlich Schwachstellen in den abweichenden Randsegmenten. Diese Randsegmente können Herausforderer als Sprungbrett nutzen, um den Markt von der Seite aufzurollen. Dann kommt die von Oracle eingesetzte Segmentstrategie infrage *(vgl. Strategie Nr. 5: »Ein Randsegment als Sprungbrett nutzen«).*

- *Starke Segmentorientierung:* Geht der Branchenführer hingegen differenziert auf einzelne Segmente ein, ist eine weitere Eingrenzung des Strategiespektrums anhand dieses Merkmals nicht möglich. Zwar gelingt es vielen Unternehmen nicht, unterschiedliche Segmente mit der gleichen Intensität, Fokussierung und Qualität zu bedienen. Welche Strategie im Einzelfall geeignet ist, kann jedoch nur die Detailprüfung enthüllen.

Abhängig vom Unternehmensprofil können Branchenführer mehrere Achillesfersen besitzen, sodass in der Regel auch mehrere ANA-Strategien in die engere Auswahl genommen werden **Mehrere Achillesfersen** können. Dies wird am Beispiel des bereits analysierten Automobilmarktes deutlich. In Abb. 45 ist das Profil des fiktiven Komplettanbieters dargestellt. Die Vorauswahl mithilfe der Achillesmatrix läuft in diesem Beispiel wie folgt ab.

- **Marktabdeckung:** Der Komplettanbieter ist breit im Markt aufgestellt und deckt zahlreiche Segmente ab. Darum kann *Strategie Nr. 2 (»Die Überdehnung des Konkurrenten nutzen«)* in die engere Auswahl genommen werden.

- **Reaktion auf Trends:** Der Komplettanbieter richtet sich nicht konsequent genug aus, um die Chance der Elektromobilität zu nutzen. Darum sollten Herausforderer auch die *Strategie Nr. 3 (»Etablierte Strukturen brechen«)* näher prüfen.

- **Segmentorientierung:** Der Komplettanbieter bearbeitet das abweichende Randsegment für Transporter auf die gleiche Weise wie die PKW-Segmente des Marktes. Darum sollte *Strategie Nr. 5 (»Ein Randsegment als Sprungbrett nutzen«)* näher betrachtet werden.

Abb. 45: Drei Strategien in der engeren Wahl

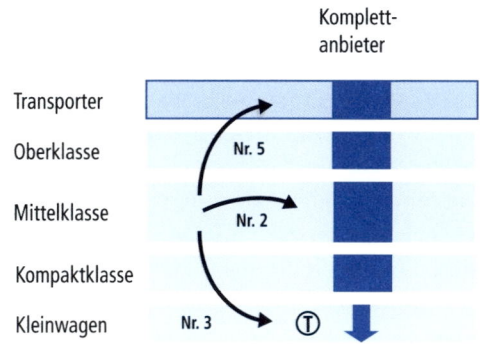

In diesem Fall konnte das Spektrum relevanter ANA-Strategien mit der Achillesmatrix auf drei Strategien eingegrenzt werden. Diese sind nun im nächsten Schritt näher zu prüfen, um die wirksamste Strategie auszuwählen.

Die Detailprüfung

Nach der Vorauswahl steht das Spektrum relevanter ANA-Strategien fest. Nun ist die Endauswahl zu treffen und jene Strategie zu bestimmen, die angesichts der individuellen Unternehmenssituation die besten Erfolgsaussichten besitzt. Diese Entscheidung kann nicht global gefällt werden, sondern muss auf Basis der konkreten Rahmenbedingungen in einer Feinprüfung erfolgen.

Nutzen Sie für diesen Auswahlschritt die Detaildarstellungen der Strategien in Teil III des Buches. Folgen Sie der Mechanik im entsprechenden Strategiekapitel und gleichen Sie diese mit Ihrer Wettbewerbssituation ab. Stellen Sie fest, in welchem Umfang die Erfolgsvoraussetzungen der einzelnen Strategien im jeweiligen Marktumfeld erfüllt sind. Die Auswahlentscheidung sollte nicht ausschließlich auf dem vorhandenen Zahlenmaterial basieren, sondern auch die Logik, Plausibilität und Folgerichtigkeit der Strategien im Kontext der spezifischen Unternehmenssituation einbeziehen.

Inhaltsorientierte Überlegungen sind bei der Strategieauswahl häufig maßgeblicher als quantitative Analyseergebnisse, weil Strategieentscheidungen angesichts ungewisser Zukunftsentwicklungen gefällt werden und ihre grundsätzliche Richtigkeit selbst dann behalten müssen, wenn quantitative Annahmen anzupassen sind.[120] Beurteilen Sie die Tauglichkeit der Strategie darum in erster Linie anhand ihrer Plausibilität und bewerten Sie deren finale Eignung aus zwei Perspektiven:

- **Externe Erfolgsfaktoren:** Inwieweit sind die Wettbewerbsvoraussetzungen für den erfolgreichen Einsatz der betrachteten Strategie erfüllt? Wie ausgeprägt sind die Achillesfersen beim Branchenführer? Ist tatsächlich sichergestellt, dass er durch die Strategie ausreichend neutralisiert wird?

- **Interne Erfolgsfaktoren:** Inwieweit ist das eigene Unternehmen dazu in der Lage, die einzelnen Strategien erfolgreich umzusetzen? Verfügt es tatsächlich über die notwendigen Ressourcen und Fähigkeiten, um das Angriffsmanöver in der beschriebenen Art und Weise auszuführen?

Überprüfen Sie alle in der engeren Auswahl stehenden ANA-Strategien anhand dieser Kriterien und ordnen Sie die einzelnen Strategien entsprechend Ihrer Analyseergebnisse in eine zweidimensionale Bewertungsmatrix ein (vgl. Abb. 46).

Abb. 46: Priorität der Strategien

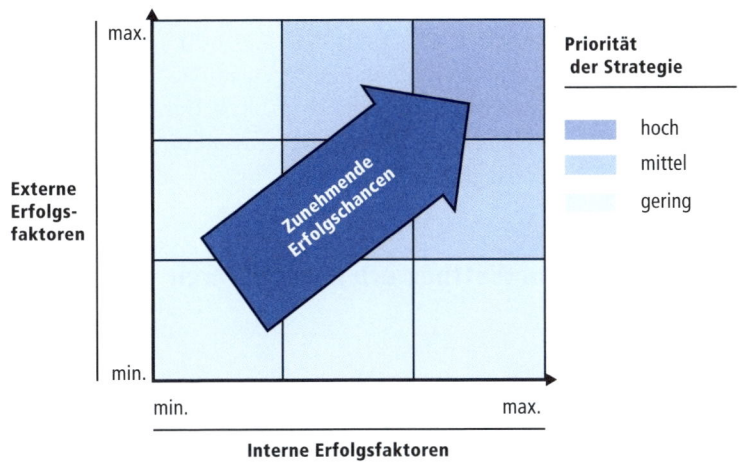

Sollten Ihnen nach dieser Detailprüfung mehrere Strategien gleichermaßen geeignet erscheinen, dann entscheiden Sie sich für diejenige mit dem geringeren Umsetzungsrisiko. Dieses Vorsichtsprinzip ist im Wettbewerb mit überlegenen Branchenführern stets angebracht. Wählen Sie im Zweifel eine Strategie, die auf den Kernkompetenzen des Unternehmens basiert, existierende Aktiva nutzt und möglichst nahe am aktuellen Kerngeschäft liegt.

Apple ist für seine Kernkompetenz im Bereich Innovation bekannt – und wählte folgerichtig Innovationsstrategien für seine Wachstumsoffensiven. Auch die ING-DiBa entschied sich mit dem Vorstoß ins Privatkundengeschäft dafür, nahe bei ihrem Kerngeschäft zu bleiben, und konnte für ihre Offensive etablierte Fähigkeiten nutzen.

Die Nähe zum Kerngeschäft senkt das Risiko auf dreifache Weise: Sie verringert Umsetzungsprobleme, reduziert negative Rückwirkungen auf das eigene Kerngeschäft und erlaubt es dem Herausforderer, das Angriffsmanöver möglichst zügig umzusetzen und einen verteidigbaren Marktanteil im Zielsegment aufzubauen.[121]

Besonderheiten im Wettbewerb mit mehreren Branchenführern

Caesar, Napoleon & Co. waren in ihren Schlachten meist mit einem einzigen Gegenspieler konfrontiert. Unternehmen hingegen müssen sich in ihren Märkten häufig gegen mehrere Branchenführer durchsetzen. Dies ist beispielsweise der Fall, wenn Zielgruppen sich überschneiden und verschiedene Branchenführer auf die gleiche Marktoffensive reagieren. Unter solchen Bedingungen steigt gewöhnlich der Umfang der notwendigen strategischen Vorbereitungen für eine erfolgreiche Wachstumsinitiative.

Drei Grundszenarien beim Wettbewerb mit mehreren Branchenführern

Auch im Wettbewerb mit mehreren Branchenführern gilt der bereits beschriebene zweistufige Strategieauswahlprozess. Dieser muss lediglich in einigen Aspekten der komplexeren Ausgangslage angepasst werden. In welchem Umfang entsprechende Anpassungen erforderlich sind, hängt vom konkreten Wettbewerbsszenario ab, das in der Analysephase ermittelt worden ist. Herausforderer können drei Grundszenarien des Wettbewerbs mit mehreren Branchenführern unterscheiden (vgl. Abb. 47). Der Auswahlprozess wird im Folgenden nacheinander für diese drei Szenarien dargestellt.

Abb. 47: Wettbewerb mit mehreren Branchenführern

Szenario		Anpassungen
Szenario 1:	Branchenführer mit identischen Achillesfersen	Keine
Szenario 2:	Branchenführer mit überlappenden Achillesfersen	Korridore identifizieren
Szenario 3:	Branchenführer mit unterschiedlichen Achillesfersen	Mobilitätsbarrieren identifizieren

Szenario 1: Branchenführer mit identischen Achillesfersen

Im einfachsten Fall besitzen alle relevanten Branchenführer das gleiche Strategieprofil. Obwohl Wettbewerb auf Differenzierung beruht, ist eine solche Wettbewerbssituation in der Praxis häufig anzutreffen. Die Differenzierung zwischen den Branchenführern findet in diesen Fällen auf der operativen und nicht auf der strategischen Positionierungsebene statt.

Die Auswertung der Achillesmatrix führt in einer solchen Wettbewerbssituation für alle Branchenführer zum gleichen Ergebnis. Die unterschiedlichen Konkurrenten besitzen übereinstimmende Schwachstellen und können mit denselben Strategien adressiert werden. Die Strategieauswahl orientiert sich an den gemeinsamen Achillesfersen der Konkurrenten und verläuft analog zum bereits beschriebenen Auswahlprozess mit einem einzigen Branchenführer.

Ryanair war mit diesem Wettbewerbsszenario konfrontiert, da die großen Airlines in den Grundzügen das gleiche Strategieprofil besaßen und mit dem Ausbau ihrer Netzwerke dem Overstretch-Muster folgten. Darum konnte der Herausforderer die gemeinsame Achillesferse der unterschiedlichen Wettbewerber mit derselben Strategie nutzen *(vgl. Strategie Nr. 2: Die Überdehnung der Konkurrenten nutzen).*

Szenario 2: Branchenführer mit überlappenden Achillesfersen

Die Komplexität der Situation scheint zu steigen, wenn die Branchenführer verschiedene Strategieprofile besitzen. Häufig überlappen sich die Achillesfersen unterschiedlich positionierter Branchenführer jedoch und schaffen einen Korridor, durch den der Herausforderer mit einer entsprechenden ANA-Strategie vorstoßen kann. Dies ist beispielsweise der Fall, wenn die unterschiedlichen Branchenführer eine Achillesferse in Randsegmenten besitzen. Dann entsteht ein Korridor am Marktrand, den ein Herausforderer für seine Wachstumsoffensiven nutzen kann. Gleiches gilt, wenn die Branchenführer überlappende Achillesfersen in der Marktmitte besitzen. Dann entsteht ein Korridor, der Wachstumsinitiativen im Zentrum ermöglicht. Diese Korridore sind im Einzelfall relativ leicht zu erkennen, sobald die Wettbewerbssituation im Lagefenster abgebildet wird. Die visuelle Darstellung verdeutlicht, in welchen Marktabschnitten sich die Achillesfersen der Branchenführer überschneiden.

In Abb. 48 sind zwei exemplarische Konstellationen unterschiedlicher Wettbewerberprofile dargestellt, die mit überlappenden Achillesfersen Korridore für den Vorstoß eines Herausforderers schaffen. Im ersten Beispiel entsteht die Chance, ein abweichendes Randsegment des Marktes als Sprungbrett zu nutzen, weil Branchenführer 1 das Segment nicht differenziert bearbeitet, während Branchenführer 2 gar nicht in diesem Segment vertreten ist. Im zweiten Beispiel entsteht ein Korridor im Marktzentrum, weil sich Branchenführer 1 in Richtung eines Trends am Marktrand ausrichtet, während Branchenführer 2 überdehnt ist und dem Overstretch-Muster folgt.

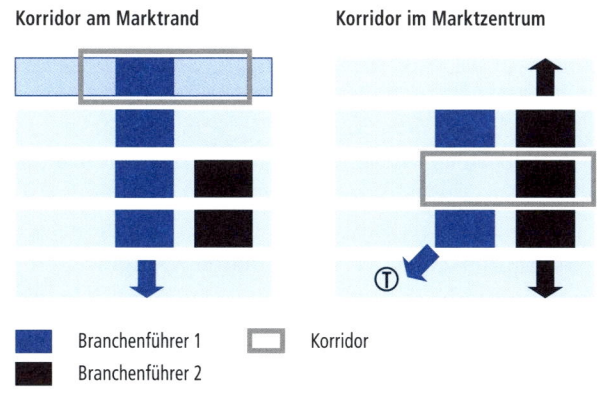

Korridor am Marktrand   Korridor im Marktzentrum

■ Branchenführer 1   ☐ Korridor
■ Branchenführer 2

Auch in diesem Szenario ist es möglich, das Spektrum der relevanten Strategien mithilfe der Achillesmatrix einzugrenzen. Die Strategieauswahl orientiert sich an der Lage des Korridors, den die überlappenden Achillesfersen der Wettbewerber schaffen:

- Falls die Branchenführer überlappende Achillesfersen in den Randsegmenten besitzen, kommen die ANA-Strategien in der *linken Spalte* der Achillesmatrix (vgl. Abb. 42 auf S. 189) für eine Offensive infrage. Diese Strategien adressieren den Marktrand.
- Liegen die überlappenden Achillesfersen der Wettbewerber hingegen in den Kernsegmenten des Marktes, sind die Strategien in der *rechten Spalte* der Achillesmatrix relevant. Diese Strategien richten sich auf das Marktzentrum.

Szenario 3: Branchenführer mit unterschiedlichen Achillesfersen

Das komplexeste Wettbewerbsszenario entsteht, wenn sich die Achillesfersen unterschiedlicher Branchenführer nicht überschneiden. In einem solchen »diffusen« Marktumfeld ist es schwierig, den Widerstand sämtlicher Branchenführer zu überwinden.

Ein Erfolg ist dennoch möglich, wenn es dem Herausforderer gelingt, seine Wachstumsoffensive gezielt auf eine Untergruppe ähnlich positionierter Wettbewerber einzugrenzen und vom Rest des Marktes abzuschirmen. Diese Beschränkung der Wachstumsoffensive auf einen geeigneten Marktausschnitt ist realisierbar, wenn sich die Zielkunden der Branchenführer deutlich voneinander unterscheiden und starke Mobilitätsbarrieren –

Mobilitätsbarrieren nutzen

beispielsweise ausgeprägte Markenloyalitäten, Produktpräferenzen und Nutzungsgewohnheiten – zwischen den Segmenten existieren.[122] Solche Barrieren schirmen die Zielgruppen unterschiedlich positionierter Wettbewerber gegeneinander ab und verhindern, dass Vorstöße in das Terrain des einen Branchenführers automatisch die Kunden eines anderen treffen. In diesen Fällen können Herausforderer ihre Wachstumsoffensiven auf Wettbewerber mit ähnlichen Achillesfersen eingrenzen und anhand der Achillesmatrix geeignete ANA-Strategien auswählen. Prüfen Sie, welche Gruppen ähnlich positionierter Wettbewerber isoliert vom Rest des Marktes adressiert werden können, und wählen Sie jene Strategien, die sich durch Auswertung der Achillesmatrix in dieser Wettbewerbergruppe ergeben. Ohne eine solche Abgrenzung ist ein erfolgreicher Angriff unter Umständen möglich, aber aufgrund mangelhafter Neutralisierung der unterschiedlichen Branchenführer mit einem höheren Risiko behaftet.

Umsetzung: Die Strategie erfolgreich implementieren

Ist die Entscheidung für eine Strategie schließlich gefallen, geht es im letzten Schritt darum, deren Implementierung sicherzustellen. Herausforderer können durch drei Erfolgsfaktoren die Strategieumsetzung optimieren. Es geht darum, die Unternehmenseinheiten zu koordinieren, die Mitarbeiter zu motivieren und die Ressourcen konsequent einzusetzen.

»Eine Entscheidung, die nicht umgesetzt wird, ist keine Entscheidung, sondern im besten Fall ein guter Vorsatz.«[123] Diese universelle

Erkenntnis Peter Druckers gilt auch für den Wettbewerb mit Branchenführern. Wie stark eine Strategie wirkt, entscheidet sich letztlich in der Umsetzung. Während die Strategieauswahl meist in Kleingruppen erfolgt, kann deren Implementierung nur gelingen, wenn das Gesamtunternehmen mitzieht, jeder Bereich seine Teilaufgaben erfüllt und die Mitarbeiter in kritischen Situationen über sich hinauswachsen. Es ist die zentrale Managementaufgabe der Umsetzungsphase, die Mitarbeiter zu erreichen, von der Strategie zu überzeugen und sicherzustellen, dass die Arbeit vieler Einzelner im Rahmen der Strategie ein Ganzes ergibt. Caesar & Co. haben diese Grundregeln der Strategieimplementierung beherzigt und sich vor allem in drei Bereichen ausgezeichnet. Sie haben ihre Mannschaft hervorragend *koordiniert*, die Mitarbeiter *motiviert* und die Umsetzungsressourcen bereichsübergreifend *konzentriert*.

Strategieumsetzung ist vor allem Mitarbeiterführung

1. Koordination: Die richtigen Ziele setzen

Es fällt ins Auge, dass die Einheiten von Caesar & Co. bei der Strategieumsetzung weit besser zusammenwirkten als ihre größeren Wettbewerber. Anstatt sich zu behindern oder sich zu neutralisieren, verstärkten sich die Leistungen der Herausforderer gegenseitig.[124]

So gelang es Hannibals Führungsteam in der Schlacht von Cannae, entgegengesetzte Bewegungen zu koordinieren, ohne die Schlachtlinie reißen zu lassen *(vgl. Strategie Nr. 1: Das Kerngeschäft des Wettbewerbers umfassen)*. Das zurückweichende Zentrum und die vorrückenden Flügel waren aufeinander abgestimmt und griffen so gut ineinander, dass ein fester und doch flexibler Umfassungsring entstand.

Diese Feinabstimmung beruht häufig auf dem Einsatz des »Management by Objectives«-Prinzips.[125] Die Einheiten erhielten Zielvorgaben, die konsequent aus der ANA-Strategie abgeleitet waren. Diese Art der Zielvorgabe beeinflusst maßgeblich die Gesamtleistung. Da sich die Abteilungsziele einer Grundidee unterordneten, verstärkten sich die einzelnen Initiativen gegenseitig und die Gesamtorganisation erreichte mehr als die Summe ihrer Einzelleistungen. Gleichzeitig senkten strategisch abgeleitete Ziele den zentralen Koordinationsaufwand im Schlachtverlauf und gewährten den Einheiten die nötige Flexibilität, um auf operative Veränderungen zu reagieren, ohne den übergreifenden Auftrag aus den Augen zu verlieren. Diese Zielvorgaben waren vor allem für Abteilungen entscheidend, die im Rahmen der Gesamtstrategie nicht die Offensive besaßen, sondern in dramatischer Unterzahl ausharren mussten, bis an anderer Stelle der entscheidende Durchbruch gelang. So erreichten Caesar & Co. durch strategische Zielvorgaben eine zusammenhängende Gesamtleistung, die den Managementergebnissen großer Wettbewerber meist überlegen war.

Selbstkoordination durch Kommunikation der strategischen Zusammenhänge

Herausforderer sollten die Ziele der einzelnen Unternehmensbereiche konsequent aus der gewählten ANA-Strategie ableiten. Die Einzelbereiche sollten ihren individuellen Leistungsbeitrag in den Kontext der Gesamtstrategie einordnen können. Die klare Kommunikation der strategischen Zusammenhänge versetzt die beteiligten Einheiten in die Lage, zügig auf wechselnde Marktbedingungen zu reagieren, ohne auf Rücksprache warten zu müssen. Dies beschleunigt die Managementprozesse und erlaubt jene Selbstkoordination, die notwendig ist, um Strategien auch bei fließenden Rahmenbedingungen sicher ins Ziel zu steuern.

2. Motivation: Die Mitarbeiter erreichen

Zu den Merkmalen der Strategieumsetzung von Caesar & Co. gehört neben der Koordination auch die überlegene Motivation der Mitarbeiter.[126] Herausforderer sind in besonderem Maße auf den vollen Einsatz ihrer Mannschaft angewiesen. Denn im Wettbewerb mit Branchenführern kommt es häufig vor, dass die Gesamtsituation kurz vor dem entscheidenden Durchbruch besonders schwierig wirkt. In einer solchen kritischen Situation ist es besonders wichtig, dass die Mitarbeiter voll motiviert sind und ihr Bestes geben.

Caesar & Co. haben die Motivation der Mannschaft selten aus den Augen verloren und durch eine gelungene Führungskommunikation unterstützt. Sie haben besonderen Wert darauf gelegt, ihre Mitarbeiter auf allen Ebenen anzusprechen und sie mit Inhalten zu erreichen, die weit über das Ausloben von Erfolgsprämien hinausgingen.[127] In ihren Ansprachen vor der Schlacht haben sie dem gemeinsamen Vorhaben einen Sinn verliehen, der den ganzen Einsatz der Mannschaft rechtfertigte und die Mitglieder der Mannschaft dazu inspirierte, ihre volle Leistungsfähigkeit zu mobilisieren. Das Team bewies Durchhaltevermögen, weil es von der Notwendigkeit, der Bedeutung und von den Erfolgschancen des gemeinsamen Vorhabens überzeugt war.

Herausforderer sollten in der Führungskommunikation auf die gleichen Aspekte achten. Manchen Sie dem Team deutlich, warum die strategischen Initiativen *notwendig, sinnvoll* und *machbar* sind. Setzen Sie in der Kommunikation auf plastische Ziele und eine inspirierende Geschichte und nicht in erster Linie auf Zahlen. Brechen Sie die Gesamtaufgabe anschließend auf konkrete, beherrschbare Arbeitspakete und Teilziele herunter.

3. Konzentration: Die Ressourcen zusammenführen

Ressourcen sind stets begrenzt. Darum gehört die Festlegung entsprechender Prioritäten bei der Ressourcenzuteilung zu den Kernaufgaben des Managements. Die Art dieser Prioritätensetzung beeinflusst maßgeblich die Strategieumsetzung. Caesar & Co. haben ihre Ressourcen konsequent an der ausgewählten Strategie ausgerichtet und die nötigen Kräfte abteilungsübergreifend zusammengezogen, um ihre Offensive an den Achillesfersen großer Wettbewerber zum Erfolg zu führen. Dies steht im Kontrast zur Managementpraxis in vielen Unternehmen. Diese statten zunächst das laufende Tagesgeschäft mit Ressourcen aus und verfolgen Strategieinitiativen mit den verbleibenden Kräften. Auf diese Weise werden die wertvollsten Ressourcen zum Management der gegenwärtigen Erfolgspotenziale, nicht aber zum Aufbau zukünftiger eingesetzt.[128]

Ressourcen für zukünftige Erfolgspotenziale bereitstellen

Um optimale Voraussetzungen für die Strategieimplementierung zu schaffen, sollte diese Logik umgekehrt und die Ressourcenallokation bereichsübergreifend an den Notwendigkeiten der gewählten Strategie ausgerichtet werden. Wie bei Caesar & Co. geht es darum, sicherzustellen, dass die entscheidenden Ressourcen für die Strategieoffensive im notwendigen Umfang vorhanden sind.

Identifizieren Sie dazu die Unternehmensbereiche, die für die Umsetzung der Strategie besonders erfolgskritisch sind. Analysieren Sie anschließend, ob die Mitarbeiter über die entsprechenden Qualifikationen und Ressourcen verfügen, um die ausgewählte Strategie umzusetzen. Die erfolgskritischen Ressourcen und Fähigkeiten können je nach Strategie variieren. So geht es bei Apples Strategie vor allem darum, den Markt aus einer neuen Perspektive zu sehen und etablierte Strukturen zu hinterfragen *(vgl. Strategie Nr. 3: Die etablierten Strukturen brechen)*. Bei der Nachrückstrategie der ING-DiBa ist es hingegen erfolgskritisch, das Kerngeschäft zu beherrschen *(vgl. Strategie Nr. 4: Die Erwartungswelle antizipieren)*. Entsprechend unterschiedlich sind die Anforderungen an den Mitarbeitertyp, der mit der Umsetzung der Strategie betraut werden sollte.

Ermitteln Sie eine realistische Einschätzung der verfügbaren Ressourcen und des Ressourcenbedarfs. Schließen Sie eine eventuelle Lücke, indem Sie Ressourcen bereichsübergreifend oder auf der Zeitachse konzentrieren. Unter Umständen ist es notwendig, dem Unternehmen zusätzliche Mittel und Fähigkeiten von außen zuzuführen.

Die Kommunikation der strategischen Ziele und Zusammenhänge schafft auch hier eine Basis, um die Ressourcenallokation ohne jene Revierkämpfe durchzuführen, die zu einem klassischen Stolperstein der Strategieimplementierung werden können. Wenn die Gesamtzusammenhänge im Team bekannt sind, fällt es wesentlich leichter, Ressourcen aus dem laufenden Geschäft abzuziehen und einer strategischen Initiative zuzuordnen, selbst wenn dies mit einem kurzfristigen Einbruch der operativen Performance verbunden ist.

Zielkonflikte auflösen

Zusammenfassung: Der Anwendungsprozess

Abb. 49: Anwendungsprozess

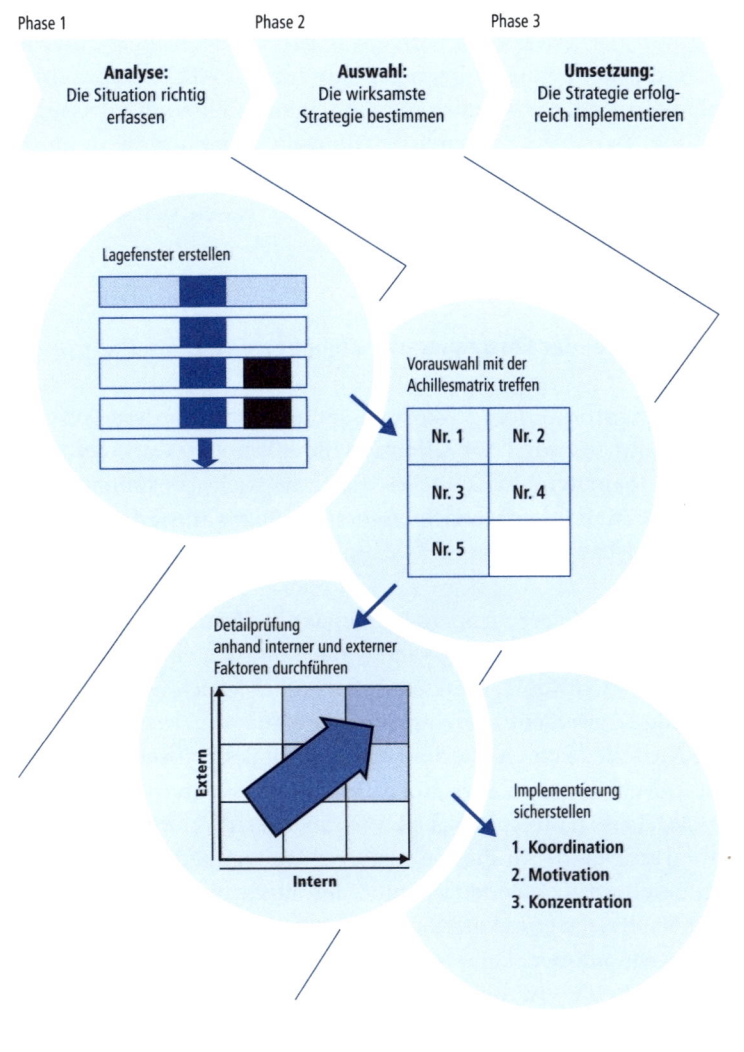

Ausblick: Den Erfolg langfristig sichern

Am Ende des Implementierungsprozesses, wenn die Offensive im Wettbewerb mit Branchenführern erfolgreich war, die Wachstumsziele erreicht werden konnten und Marktanteile hinzugewonnen wurden, stellt sich für Herausforderer eine Schlüsselfrage: Wie können diese Erfolge langfristig gesichert werden? Was also zeichnet jene Unternehmen aus, die ihre Erfolge nutzen können, um die Wettbewerbsposition dauerhaft zu stärken? Ähnliche Fragen haben sich auch für Caesar & Co. gestellt. Denn eine erfolgreiche Offensive war für diese Herausforderer meist ein Einzelschritt auf dem Weg zu einem umfassenderen Ziel. Aus den Erfahrungen von Caesar & Co. lassen sich zwei Lehren für moderne Unternehmen ziehen:

1. Augenmaß bei der Festlegung der Ziele beweisen

Um den Wachstumserfolg zu sichern, sollten Herausforderer Weitblick beweisen und während der Offensive die künftigen Marktverhältnisse im Auge behalten. Ziel sollte es sein, mit Wachstumsinitiativen das existierende Marktgleichgewicht zu den eigenen Gunsten zu verschieben – aber nicht zu verstören.[129]

Wie wichtig das richtige Augenmaß bei der Zielfestlegung ist, illustrieren zwei historische Vorlagen: Napoleon befand sich nach dem Sieg von Austerlitz auf dem Gipfel seines Ansehens. Frankreich war nun die dominierende Großmacht Europas. Für das etablierte Großmachtsystem war die Niederlage von Austerlitz schmerzlich, der Aufstieg Frankreichs jedoch in Maßen akzeptabel. Napoleons Konkurrenten begrüßten die neuen Machtverhältnisse zwar nicht – aber letztlich waren sie bereit, sich zu arrangieren. An diesem historischen Wendepunkt beging Napoleon einen entscheidenden Fehler, der alle Erfolge zunichtemachte und zur Niederlage von Waterloo führte: Der französische Kaiser konnte seinen Ambitionen keine Grenzen setzen. Er stellte seine Expansionsziele über die Vision eines neuen Gleichgewichts. Mit den folgenden Feldzügen drückte er sämtliche Rivalen »gegen die Wand« und zwang sie zur Gegenoffensive.[130] Der große Korse hatte die Schlacht von Austerlitz zwar gewonnen – aber letztlich seine Ziele überspannt.

Hannibal hingegen setzte seine Ziele zu niedrig an. Mit seinem Sieg von Cannae konnte er die Kraftverteilung zwischen Karthago und Rom nicht nachhaltig verschieben. Darum scheiterte er langfristig damit, seine Wettbewerbsposition gegen den großen Konkurrenten am Tiber zu behaupten. Während Rom weiter expandierte, versank Karthago im Dunkel der Geschichte.

Nach der Wachstumsoffensive sollte ein Marktgleichgewicht entstehen, das für die Branchenführer akzeptabel ist und dem Herausforderer gleichzeitig eine verteidigungsfähige Marktposition sichert. Das Wachstumsziel sollte sich darum in einem Korridor bewegen, dessen untere Grenze durch den *verteidigbaren Marktanteil* definiert wird. Damit ist jener Marktanteil gemeint, den Unternehmen besitzen sollten, um die Wettbewerbsposition auch in der Endphase der Marktentwicklung – wenn die meisten Konkurrenten aus dem Markt ausscheiden – behaupten zu können und die Unternehmensexistenz langfristig zu sichern. Dieser Zielwert liegt in der Regel bei etwa 15 Prozent.[131] Darüber hinausgehende Wachstumsziele sollten verfolgt werden, wenn langfristig ein neuer Gleichgewichtszustand erreicht werden kann. Den Branchenführern sollte es stets attraktiver erscheinen, die neue Marktanteilsverteilung zu akzeptieren, als einen weiteren Konflikt zu suchen. Ein solches Gleichgewicht können Herausforderer insbesondere dann erreichen, wenn sie eine Reputation der konsequenten Zielverfolgung aufgebaut haben. Auch in der Geschichte zeichnen sich die echten Langzeitgewinner weniger durch die absolute Größe ihrer Ziele aus als vielmehr durch ihre Fähigkeit, mit Augenmaß gesetzte Ziele gegen alle Wiederstände zu erreichen.[132]

Nach der Offensive ein neues Marktgleichgewicht anstreben

2. Die Wettbewerbsvorteile pflegen

Die Hauptaufgabe eines Unternehmens besteht darin, konkrete Kundenbedürfnisse besser zu befriedigen als der Wettbewerb. Um Wachstumserfolge langfristig sichern zu können, müssen Herausforderer die hierzu notwendigen Kernkompetenzen erhalten und ausbauen.

Dies zeigt der Blick auf die Entwicklung Roms: Hannibals Sieg über die Römer in der Schlacht bei Cannae konnte den Aufstieg der Stadt am Tiber nur aufhalten und nicht verhindern. Die Niederlage machte Rom letztlich nicht schwächer, sondern stärker. Rückblickend war Hannibals Sieg für die Römer lediglich ein Weckruf auf dem Weg in die Champions League der großen Imperien. Denn Rom hatte seine zentralen Kernkompetenzen in der Krise nicht nur erhalten, sondern sogar gestärkt und so die Niederlage überstanden. Es war weiterhin vital, kraftvoll, gut organisiert, motiviert, pragmatisch, lernfähig und ergebnisorientiert. Diese stetige Stärkung der Kernkompetenzen bildete die Basis seines langfristigen Aufstiegs zur Weltmacht.[133]

Um die Wachstumserfolge nachhaltig zu sichern, sollten Herausforderer deshalb die Basis dieser Erfolge kontinuierlich pflegen, erhalten und weiterentwickeln. Im Wettbewerbskontext betrifft dies vor allem die Fähigkeit, die Kundenbedürfnisse entweder besser oder effizienter zu befriedigen als die Konkurrenz. Geht diese Fähigkeit verloren, kann auf Dauer keine Strategie greifen. Damit schließt sich letztlich der Managementkreislauf: Operative Unternehmensstärken reichen im Wettbewerb mit Branchenführern meist nicht aus, um erfolgreich zu sein – aber sie bilden die Grundlage, um strategisch errungene Erfolge langfristig erhalten zu können.

Anhang

Erläuterungen zur ANA-Methode

Das Strategieverständnis der ANA-Methode

Der Strategiebegriff der ANA-Methode beschränkt sich nicht auf jene Techniken der Wettbewerbsanalyse und Unternehmensplanung, die in den letzten Jahrzehnten entwickelt wurden und inzwischen in den meisten Unternehmen etabliert sind. Die ANA-Methode folgt vielmehr einem umfassenden Strategiebegriff und versteht »Strategie« als System universeller Prinzipien, die sich über Jahrhunderte herausbildeten und in unterschiedlichen Bereichen menschlichen Handelns wirksam eingesetzt werden können, um komplexe Aufgabenstellungen zu bewältigen. Die Tatsache, dass strategische Handlungsmuster universell wirksam sind und zur Entwicklung von Managementkonzepten aus anderen Anwendungsgebieten übertragen werden können, bildet die Grundlage der ANA-Methode.

Strategie als System universeller Prinzipien

Geltungsbereich und Grenzen der verwendeten Analogie

Für den Ansatz der Strategieübertragung bietet die Geschichte und insbesondere die Geschichte großer Schlachten ein ergiebiges Reservoir, weil sich die Grundfragen der Strategie in diesen Bereichen über viele Epochen gestellt haben und entsprechende Antworten ebenso lange dokumentiert wurden. Caesar & Co. haben damit einen Vorrat struktureller Strategievorlagen geschaffen. Auf dieser strukturellen und abstrakten Analogie basiert der Zusammenhang, den das vorliegende Buch zwischen Feldherren und Unternehmen schafft. Es sei jedoch explizit darauf verwiesen, dass es Grenzen für diese Analogiebildung gibt. Die pauschale Gleichsetzung der Welt der Schlachten mit der Welt der Unternehmensführung wäre inhaltlich unzutreffend und ethisch inakzeptabel. Motive und Mittel der beiden Welten sind nicht nur unterschiedlich, sondern verhalten sich in weiten Teilen diametral. Ihr gemeinsamer Nenner ist – auf einer abstrakten Ebene – die Strategie.[134]

Die Perspektive der historischen Beschreibungen

Geschichtliche Ereignisse sind meist ein Resultat komplexer politischer, sozialer, technischer und zum Teil sogar meteorologischer Entwicklungen. All diese Aspekte umfassend darzustellen, würde den Umfang des vorliegenden Buches sprengen und nicht dessen Zielsetzung entsprechen. Die historischen Beschreibungen in diesem Buch dienen vor allem zwei Zielen: Zum einen sollen sie Strategiemuster illustrieren; zum anderen sollen sie den Leser dabei unterstützen, die abstrakten Strategien zu visualisieren. Vor diesem Hintergrund sind Perspektive und Ausschnitt der Schlachtbeschreibungen gewählt. Für eine umfassende Darstellung und Diskussion aller Ebenen und Perspektiven der historischen Vorgänge sei auf die entsprechende historische Fachliteratur verwiesen.

Dank

Dieses Buch hätte nicht entstehen können ohne die Hilfe einer Gruppe enger Freunde und Kollegen, die mich in sämtlichen Projektphasen unterstützt haben. Ihnen allen möchte ich herzlich danken.

Michael Hubel war mein unersetzlicher Sparringspartner in allen inhaltlichen wie stilistischen Fragen. Er hat das ganze Manuskript gelesen und entscheidende Anregungen gegeben. Joachim Schleifer hat das Projekt vom Konzept bis zur Fertigstellung begleitet und zu seiner Vollendung beigetragen – durch seine Ratschläge, unsere Freitagscalls und jene Integrität, die ihn bereits in unserer gemeinsamen Studienzeit auszeichnete. Robert und Gesa Schweiger waren wichtige Fixpunkte mit ihren treffenden Anmerkungen und einem unerschütterlichen Vertrauen in das Gelingen. Hans-Peter Neeb, Jan Dirk Dallmer und Wolf Winkler haben Teile des Manuskriptes gelesen und mir wertvolle Hinweise gegeben. Christoph Neeb, Roland Bohn und Dr. Bernhard Schmidt haben spezielle Einsichten beigesteuert. Dr. Pascal Grieder hat mit seinem Laserblick kritische Punkte erfasst. Björn Osterloff und Dr. Bastian Fromen haben die »Top-down«- und »Bottom-up«-Florette zum Nutzen des Buches gekreuzt. Dr. Ekkehard Stadie hat Hinweise zur Struktur gegeben. Dr. Ulrike Pohler war mit juristischer Expertise behilflich. Daniela Gumbarevic, Robert Dorsemagen und Dr. Nejc Jakopin haben ihre Freizeit investiert, um mich zu unterstützen.

Mein besonderer Dank gilt Marga Winkler, die das Buchprojekt von Anfang an mit ihrem umfassenden Know-how unterstützt hat und die entscheidenden Chancen schuf. Anne Rüffer hat mich durch die Welt der Verlage geführt und mir neue Perspektiven eröffnet. Ute Flockenhaus hat an das Buch geglaubt und alle Hebel in Bewegung gesetzt, um das Schiff auf große Fahrt zu schicken. Danken möchte ich darüber hinaus Dr. Dietrich-Wilhelm Gemmel und Michael Sujan sowie Dr. Andreas Gregori und Thorsten Dirks für die inspirierende Zusammenarbeit. Ganz besonders danke ich meiner Freundin Tanja, die mich so geduldig unterstützt, entlastet, beraten und motiviert hat. Mein tief empfundener Dank gilt schließlich meinen Eltern, die mir alles ermöglicht haben und immer meine Vorbilder bleiben werden.

Anmerkungen

1 Vgl. u. a. Kim, W. Chan / Mauborgne, Renée: *Der blaue Ozean als Strategie. Wie man neue Märkte schafft, wo es keine Konkurrenz gibt*, München, Wien 2005, S. 7 f.

2 Vgl. u. a. Hamel, Gary / Breen, Bill: *Das Ende des Managements. Unternehmensführung im 21. Jahrhundert*, Berlin 2008, S. 23.

3 Vgl. Lane Fox, Robin: *Alexander der Große – Eroberer der Welt*, Reinbek 2010, S. 291, 296 f.; Gehrke, Hans-Joachim: *Weltreich im Staub*, in: Förster, Stig / Pöhlmann, Markus / Walter, Dierk (Hrsg.): *Schlachten der Weltgeschichte*, München 2001 (3. Auflage 2003), S. 34, 38 f.

4 Vgl. Machatschke, Michael: *Rutschpartie*, in: Manager Magazin (10 / 2005), S. 124.

5 Vgl. Machatschke (2005), S. 121; Krämer, Christopher: *Eine Branche wird gespalten*, in: Manager Magazin online (2012), URL: http://www. manager-magazin.de/unternehmen/artikel/0,2828,815391,00.html.

6 Vgl. dazu auch die Darstellung in Malik, Fredmund: *Strategie. Navigieren in der Komplexität der neuen Welt*, Frankfurt am Main 2011, S. 54 f., 185 ff. Malik betont die Bedeutung der Marktstellung – gemessen am relativen Marktanteil – für den dauerhaften Unternehmenserfolg. Ein hoher relativer Marktanteil ist demnach positiv für die Ertragskraft des Unternehmens. Gleichzeitig weist Malik darauf hin, dass Wachstum nur im Zusammenhang mit einer Verbesserung der Marktstellung anzustreben ist.

7 Vgl. hierzu und zu den dargestellten Trends: Hamel / Breen (2008), S. 23–26. Kim / Mauborgne (2005), S. 7 f.

8 Vgl. Busch, Alexander: *Embraer – Im Steigflug*, S. 24 ff.; Hoffbauer, Andreas: *Huawei – Chinas junges Gesicht*, S. 205 ff., in: Dorfs, Joachim: *Die Herausforderer. 25 neue Weltkonzerne, mit denen wir rechnen müssen*, München 2007.

9 Vgl. Isaacson, Walter: *Steve Jobs. Die autorisierte Biografie des Apple-Gründers*, München 2011 (2. Auflage 2011), S. 557.

10 Vgl. Young, Jeffrey / Simon, William L.: *Steve Jobs und die Erfolgsgeschichte von Apple*, Frankfurt am Main 2007, S. 355 ff.; Hamel / Breen (2008), S. 24.

11 Vgl. Hamel / Breen (2008), S. 24.

12 Vgl. auch Kim / Mauborgne (2005), S. 7 f.; Hamel / Breen (2008), S. 23–26.

13 Otto von Bismarck hat seine Sicht vom Staatsmann, der die großen Strömungen seiner Zeit nicht erzeugen, sondern lediglich nutzen kann, in

einige seiner bekanntesten Formulierungen gekleidet: »Der Staatsmann kann nie selbst etwas schaffen, er kann warten und lauschen, bis er den Schritt Gottes durch die Ereignisse hallen hört – dann vorspringen und den Zipfel des Mantels fassen, das ist alles.« Vgl. Ackerl, Isabella: *Die bedeutendsten Staatsmänner*, Wiesbaden 2006, S. 36.»Denn der Mensch kann den Strom der Zeit nicht schaffen und nicht lenken, er kann nur darauf hinfahren ... und auch zu guten Häfen kommen«. Vgl. Pflanze, Otto: *Bismarck – der Reichsgründer*, München 1997 (überarb. Auflage in der Beck'schen Reihe, 2008), S. 15.

14 Vgl. URL: http://en.wikipedia.org/wiki/Godzilla_(1998_film).

15 Vgl. Malik (2011), S. 185 ff.

16 Vgl. zum Beispiel von Netscape – auch im Folgenden – Yoffie, David B. / Kwak, Mary: *Judo Strategy*, in: Business Strategy Review (13/2002), S. 22.

17 Apples Marktanteil sank in einem von IBM-kompatiblen Produkten geprägten Marktumfeld von 16 Prozent Ende der 1980er-Jahre auf 4 Prozent 1996. Vgl. Isaacson (2011), S. 349. Vgl. auch Young / Simon (2007), S. 133 ff.

18 Auch Technologieunterschiede sind zumeist nicht erfolgsentscheidend, vgl. hierzu Hamel / Breen (2008), S. 43.

19 Vgl. u. a. Otto, Hans-Dieter: *Verblüffende Siege*, Ostfildern 2010, S. 11.

20 Die in diesem Buch verwendeten Analogien zwischen Caesar & Co. und dem heutigen Management beschränken sich ausdrücklich auf den strukturellen Aufbau der Strategien. In keiner Weise soll hierdurch der Einsatz kriegerischer Mittel in Konfliktsituationen gerechtfertigt werden.

21 Vgl. u. a. Lane Fox (2010), S. 294, 297; Gilliver, Kate: *Auf dem Weg zum Imperium. Die Geschichte der römischen Armee*, Hamburg 2007, S. 123.

22 Vgl. beispielsweise die Darstellung der römischen *acies* bei Gilliver (2007), S. 126.

23 Vgl. Clausewitz, Carl von: *Vom Kriege*, Bonn 1980 (Nachdruck 1991), S. 373–378 (»Überlegenheit der Zahl«), S. 388 (»Sammlung der Kräfte im Raum«), S. 389–396 (»Vereinigung der Kräfte in der Zeit«).

24 Vgl. hierzu auch Lane Fox (2010), S. 304.

25 Vgl. Otto, Hans-Dieter: *Verblüffende Siege*, Ostfildern 2010, S. 42.

26 Varro wechselte sich im Kommando täglich mit dem zweiten Konsul Lucius Aemilius Paullus ab. Varro soll in Rom angekündigt haben, den Konflikt mit Hannibal in einer einzigen Entscheidungsschlacht zu beenden. Allerdings könnte sein Ehrgeiz von der römischen Geschichtsschreibung überzeichnet worden sein. Vgl. Speidel, Michael Alexander:

Halbmond und Halbwahrheit – Cannae, 2. August 216 v. Chr., in: Förster /
Pöhlmann / Walter (2003), S. 56.

27 Vgl. Speidel (2003), S. 48 ff. Neben den Fußsoldaten verfügte Varro über
mindestens 6000 Reiter und Hannibal über etwa 10 000 Reiter. Vgl. auch
zur weiteren Schlachtbeschreibung den Aufsatz von Speidel (2003).

28 Vgl. Speidel (2003), S. 58.

29 Vgl. hier und im Folgenden Hoffbauer, Andreas: *Techtronic Industries –
Weltfabrik der Bohrmaschinen*, in: Dorfs (2007), S. 186–191.

30 Vgl. Hoffbauer (2007), S. 186–191.

31 Vgl. Hoffbauer (2007), S. 191.

32 Vgl. Hirn, Wolfgang / Neukirchen, Heide: *Fabrik-Verkauf*, in: Manager
Magazin (11/2001), S. 302; Hirn, Wolfgang: *Die Schuh-Größe*, in: Manager
Magazin (5/2002), S. 116 ff.

33 Vgl. Klooß, Kristian: *Apples Nummer 2*, in Manager Magazin online
(2011), URL: http://www.manager-magazin.de/unternehmen/
it/0,2828,782284,00.html.

34 Vgl. Dorfs (2007), S. 1.

35 Vgl. Herz, Carsten: *Volvo wird endgültig chinesisch*, in: Handelsblatt online
(2010), URL: http://www.handelsblatt.com/unternehmen/industrie/
geely-volvo-wird-endgueltig-chinesisch/3400794.html.

36 Vgl. dazu auch Kumar, Nirmalya: *Inder auf Einkaufstour*, in: Harvard
Businessmanager (8/2009), S. 64 ff.; Müller, Oliver: *Tata – Das Konglomerat schlägt zurück*, in: Dorfs (2007), S. 40.

37 Vgl. Yoffie / Kwak (2002), S. 22.

38 Vgl. – auch für das Folgende – Gehrke (2003), S. 34–46; Lane Fox
(2010), S. 210–215 und 292–303.

39 Nach der Schlacht von Issos bot Dareios Alexander einen Teil des Perser-
reiches an. Dieser schlug das Angebot jedoch aus, sodass es zur finalen
Entscheidungsschlacht kam. Vgl. hierzu Gehrke (2003), S. 36.

40 Vgl. Gehrke (2003), S. 44. Lane Fox vergleicht Alexander mit einem
Flügelstürmer im Fußball, der die gegnerische Abwehr nach außen lockt,
um dann die Richtung zu wechseln und in der Mitte zu stürmen, vgl.
Lane Fox (2010), S. 305.

41 Manche historischen Quellen sehen Alexander nach dem Sieg auf dem
Schlachtfeld, andere stellen Alexander am Abend nach dem Sieg zusammen mit seinem engsten Kreis bei der Verfolgung des flüchtenden Dareios III. dar. Vgl. Lane Fox (2003), S. 307, 309.

42 Das Phänomen der strategischen Überdehnung wird u. a. von Paul Kennedy in seiner klassischen Untersuchung zum »Aufstieg und Fall großer
Mächte« beschrieben. Kennedy bezieht den Begriff der Überdehnung
auf die Gesamtexpansion eines Staatswesens. Vgl. hierzu Kennedy, Paul:

Aufstieg und Fall der großen Mächte, Frankfurt am Main 2000 (5. Auflage 2005), S. 12 ff.

43 So der Buchtitel von Lane Fox (2010).

44 Vgl. – auch für das Folgende – Machatschke (2005), S. 120–124.

45 Vgl. – auch für das Folgende – Umbeck, Tobias: *Musterbrüche in Geschäftsmodellen. Ein Bezugsrahmen für innovative Strategie-Konzepte*, Wiesbaden 2009, S. 41.

46 Vgl. Machatschke, Michael: *Fliegen, bis der Geier kommt*, in: Manager Magazin (7/2003), S. 62.

47 Vgl. Krämer, Christopher: *Eine Branche wird gespalten*, in: Manager Magazin online (2012), URL: http://www.manager-magazin.de/unternehmen/artikel/0,2828,815391,00.html; Machatschke, Michael: *Schleudertrauma*, in: Manager Magazin (5/2008), S. 94.

48 Machatschke, Michael: *Lufthansa hält an Premium fest* (2009), in: Manager Magazin online, URL: http://www.manager-magazin.de/unternehmen/artikel/0,2828,662091,00.html.

49 Vgl. Krämer, Christopher (2012); Machatschke, Michael: *Schleudertrauma*, in: Manager Magazin (5/2008), S. 94.

50 Vgl. zum Portfolio-Ansatz beispielsweise Porter, Michael E.: *Wettbewerbsstrategie*, Frankfurt am Main 1983 (8. Auflage 1995), S. 448 f.

51 Vgl. Umbeck (2009), S. 41; Machatschke (2005), S. 122, 124.

52 Vgl. zur Logik der Abschöpfung auch Porter (1995), S. 448 ff., 451 ff.

53 Vgl. Davenport, Thomas / Leibold, Marius / Voelpel, Sven: *Strategic Management in the Innovation Economy*, Weinheim 2006, S. 347.

54 Vgl. zu Beispielen entsprechender Abwehrversuche Davenport / Leibold / Voelpel (2006), S. 347; Umbeck (2009), S. 42.

55 Vgl. Detering, Michael / Höpner, Axel: *»Der Umsatz pro Kunde soll steigen«*, in: Handelsblatt online (30.11.2011), URL: http://www.handelsblatt.com/unternehmen/versicherungen/allianz-interview-der-umsatz-pro-kunde-soll-steigen/5902954.html. Fromme, Herbert: *Klare Ansage*, in: FTD.de / Financial Times Deutschland (6.1.2012), URL: http://www.ftd.de/unternehmen/versicherungen/:versicherungskolumne-klare-ansage/60150666.html. Vgl. auch Allianz-Unternehmensdarstellung (8.3.2012), URL: https://www.allianz.com /de/ueber_uns/geschaeftsfelder/page1.html; URL: https://www.allianz.com/de/ueber_uns/regionen_und_laender/west_europa/deutschland/page1.html.

56 Vgl. Fromme (2012); Fromme, Herbert: *HUK-Coburg erteilt Preiserhöhungen Absage*, in: FTD.de / Financial Times Deutschland (19.5.2010), URL: http://www.ftd.de/unternehmen/ versicherungen/:autoversicherung-weiter-umkaempft-huk-coburg-erteilt-preiserhoehungen-absage/50116046.html; Fromme, Herbert: *Billigmarke wird teurer*, in: Financial

Times Deutschland (22.7.2009); Seiwert, Martin / Bergermann, Melanie: *Die Allianz und das blaue Wunder*, in: Handelsblatt online (17.4.2008), URL: http://www.handelsblatt.com/unternehmen/banken/allianz-die-allianz-und-das-blaue-wunder/2947668.html, S. 7; Fromme, Herbert: *Aufstand der Allianzvertreter*, in: Financial Times Deutschland (12.12.2008).

57 Vgl. Detering / Höpner (2011), S. 1; Seiwert / Bergmann (2008), S. 2.

58 Vgl. Sandt, Christoph / Schmitt, Thomas: *Allianz verliert Rabattkampf ums Auto*, in: Handelsblatt online (23.11.2009), URL: http://www.handelsblatt.com/unternehmen/banken/kfz-versicherungen-allianz-verliert-rabattkampf-ums-auto/3309762.html; Seiwert / Bergermann (2008), S. 7; *Allianz scheitert mit Online-Billig-Anbieter* (2009), in: Spiegel online, URL: http://www.spiegel.de/wirtschaft/0,1518,637224,00.html; Toller, Andreas: *Allianz scheitert mit Online-Angebot*, in: Wirtschaftswoche online (21.7.2009), URL: http://www.wiwo.de/unternehmen/versicherungen-aus-dem-internet-allianz-scheitert-mit-online-angebot/5561650.html; Fromme (2010), S. 1. Fromme (2008); Fromme, Herbert: *Allianz scheitert im Internet*, in: Financial Times Deutschland (21.7.2009). Fromme (2012).

59 Vgl. Machatschke (2005), S. 121; Machatschke (2008), S. 94. Machatschke (2003), S. 62.

60 Boldt, Klaus / Jensen, Sören / Schwarzer, Ursula: *Eine Tüte geht um die Welt*, in: Manager Magazin (6/2009), S. 34.

61 Vgl. – auch zum Folgenden – Meier, Christian: *Caesar*, München 1986 (5. Auflage 2002), hier S. 474, nachfolgend S. 11, 164–167, 417 f., 419, 474.

62 Vgl. – auch zum Folgenden – Gilliver, Kate: *Auf dem Weg zum Imperium. Die Geschichte der römischen Armee*, Hamburg 2007, S. 24, 123 f.

63 Vgl. neben Gilliver (2007) auch Speidel, Michael Alexander: *Halbmond und Halbwahrheit – Cannae, 2. August 216 v. Chr.*, in: Förster / Pöhlmann / Walter (2003), S. 58. Die Gliederung der römischen Legionen in Kohorten bot einen vergleichsweise hohen Flexibilitätsgrad, den Pompeius jedoch ungenutzt ließ, indem er an der einmal eingenommenen Grundformation festhielt.

64 Pompeius scheint im Grunde eine konfliktscheue Persönlichkeit besessen zu haben. Seine Feldzüge plante er gerne sorgsam voraus, um deren Risiken zu minimieren. Der Entscheidungsschlacht mit Caesar wich er mehrfach aus. Vgl. dazu auch Meier (2002), S. 166, 473 f.

65 Vgl. – auch zum Folgenden – Young, Jeffrey / Simon, William L.: *Steve Jobs und die Erfolgsgeschichte von Apple*, Frankfurt am Main 2007, S. 354–383; Isaacson, Walter (2011), insb. S. 448–485.

66 Vgl. Young / Simon (2007), S. 354–356, 371, 378. Vgl. zu Jobs' Wettbewerbseinschätzung Isaacson (2011), S. 455, 460, 469, 476 f. Vgl. zu Jobs' »End-to-End«-Strategie u. a. Isaacson (2011), S. 448 f., 451, 463–465, 479.

67 Vgl. Young / Simon (2007), S. 357, 383. Isaacson (2011), S. 468 f., 473–475, 478 und 482.

68 Vgl. – auch zum Folgenden – Bower, Joseph L. / Christensen, Clayton M.: *Wie Sie die Chancen disruptiver Technologien nutzen*, in: Harvard Businessmanager (4/2008), S. 127–134.

69 Vgl. Bower / Christensen (2008), S. 126, 132–134.

70 Vgl. u. a. Isaacson (2011), S. 472, 482; Young / Simon (2007), S. 360.

71 Vgl. Bower / Christensen (2008), S. 129–131.

72 Vgl. hierzu auch Bower / Christensen (2008), S. 132. Zu den Auswirkungen der Unternehmenssteuerung nach operativen Ertragsgrößen vgl. auch Malik (2011), S. 51.

73 Vgl. Isaacson (2011), S. 557.

74 Das erste iPhone nutzte sogenannte 2G-Übertragungsstandards und nicht 3G-Übertragungsstandards.

75 Vgl. Hebold, Wolfgang: *Siege und Niederlagen*, Hildesheim 2002 (3. Auflage 2008), S. 133.

76 Vgl. Willms, Johannes: *Napoleon. Eine Biographie*, München 2005 (3. Auflage), S. 424, 426; Hebold (2008), S. 129 f. Klarer Meinungsführer im Umfeld Kutusows war Zar Alexander. Kaiser Franz scheint eine ambivalentere Haltung vertreten zu haben. Der spätere Detailplan der Koalition wurde vom österreichischen Stabschef Franz von Weyrother entworfen.

77 Vgl. Hebold (2008), S. 130.

78 Es handelte sich um einen persönlichen Botschafter des russischen Zaren, den Fürsten Dolgoruki. Vgl. zu Vorbereitungen und Überlegungen Napoleons: Willms (2005), S. 427 f.

79 Vgl. Willms (2005), S. 428.

80 Vgl. – auch zum Folgenden – Jakobs, Georg: *Direkt nach oben*, in: Manager Magazin (4/2003), S. 110, 112.

81 Vgl. – auch zum Folgenden – Hackethal, Andreas / Schmidt, Reinhard: *Structural Change in the German Banking System*, in: Revue d'Economie Financière (Vol. 78, 2005).

82 Die Bezeichnung Großbanken bezieht sich im Folgenden auf jene Institute, die dem beschriebenen Strategiemuster folgten. Vgl. zum Ausmaß, in dem die betroffenen Banken die dargestellte Fokusverschiebung umsetzten, u. a. Hackethal / Schmidt (2005).

83 Vgl. zur Veränderung der Ertragsstrukturen neben Hackethal / Schmidt

(2005) auch Balzer, Arnom/Nölting, Andreas: »*Wir kehren von oben*« – Interview mit Bernd Fahrenholz, in: Manager Magazin (6/2000), S. 55. Vgl. außerdem – auch zum Folgenden – Jakobs, Georg/Papendick, Ulric: *Abstiegskampf*, in: Manager Magazin (1/2003), S. 78.

84 Vgl. – auch zum Folgenden – Jakobs, Georg/Papendick, Ulric: *Leichte Beute*, in: Manager Magazin (3/2005), S. 50–52, 57. Vgl. außerdem den Spiegel-Artikel »*Langsam wird es turbulent*«, in: Der Spiegel (6/1997), S. 86f.

85 Vgl. zur stärkeren Investmentbanking-Orientierung der US-Banken Hackethal/Schmidt (2005), S. 3. Weitere Hauptgründe für die Profitabilitätslücke resultierten aus der spezifischen Struktur des deutschen Bankenmarktes: Das starke Sparkassen- und Genossenschaftssystem scheint eine relativ hohe Wettbewerbsintensität und vergleichsweise geringe Profitabilität des Privatkundengeschäfts der Privatbanken befördert zu haben. Darüber hinaus erschwerte diese Struktur eine Konsolidierung der Branche und das Entstehen sehr großer Universalbanken. Vgl. hierzu u. a. – und auch zum Folgenden – Jakobs, Georg: *Stunde der Sanierer*, in: Manager Magazin (1/2002), S. 94.

86 Vgl. neben den genannten Quellen auch Jakobs, Georg: *Allein gegen alle*, in: Manager Magazin (7/2001), S. 112; Balzer, Arno/Jakobs, Georg: *Die Pfund-Grube*, in: Manager Magazin (4/2002), S. 38; (o.V.): *Baut Investment-Banking aus*, in: Manager Magazin online (2000), URL: http://www.manager-magazin.de/finanzen/artikel/0,2828,80276,00.html. Alle drei Quellen werden auch für die nachfolgenden Ausführungen genutzt.

87 Vgl. – auch für das Folgende – Katzensteiner, Thomas/Papendick, Ulric: *Abfuhr am Ammersee*, in: Manager Magazin (1/2011), S. 30–38.

88 Vgl. Jakobs (2003), S. 110, 112, 114, 116; Jakobs/Papendick (2005), S. 56; Papendick, Ulric: *Der Anfang vom Ende*, in Manager Magazin (12/2005), S. 110.

89 Vgl. Katzensteiner/Papendick (2011), S. 34.

90 Vgl. hierzu Katzensteiner/Papendick (2011), S. 32, 34. Die Autoren weisen darauf hin, dass die Übernahme der Postbank bereits 2004 geprüft, aber nicht durchgeführt wurde und erst nach dem Lehman-Konkurs wieder ernsthaft auf die Agenda genommen wurde.

91 Dies spiegelt sich auch in der Aufgabenstellung der Investor-Relations-Abteilungen wider, vgl. Mindermann, Hans-Hermann: *Investor Relations – eine Definition*, in: Deutscher Investor Relations Kreis (Hrsg.): *Investor Relations, Professionelle Kapitalmarktkommunikation*, Wiesbaden 2000, S. 27.

92 Vgl. zum Ergebnisbeitrag des Investmentbankings z.B. Katzensteiner/Papendick (1/2011), S. 32, 34, 38.

93 Vor diesem Hintergrund schafft nicht allein der Trend an sich, sondern die Frage, welche strategischen Kosten für die konsequente Ausrichtung auf diesen Trend gerechtfertigt sind, die entscheidende Achillesferse.

94 Dies gilt unter der Annahme, dass das erwartete Wachstum profitabel abzubilden ist. Die Unternehmensbewertung wird bei bekannten Bewertungsmethoden wie dem DCF-Verfahren von der Entwicklung der zukünftig erwarteten Einzahlungsüberschüsse bestimmt. Vgl. zur Bedeutung zukunftsorientierter Daten für die Unternehmensbewertung durch Analysten auch Düsterlho, Jens-Eric von: *Der Umgang mit Analysten*, in: Deutscher Investor Relations Kreis (Hrsg.): *Investor Relations. Professionelle Kapitalmarktkommunikation*, Wiesbaden 2000, S. 75 f.

95 Vgl. zu Wachstumsstrategien in dieser Phase der Branchenentwicklung u. a. Deans, Graeme K. / Kroeger, Fritz / Zeisel, Stefan: *Winning the Merger Endgame. A Playbook for Industry Consolidation*, New York [u. a.] 2003, S. 91–93.

96 Vgl. Heilmann, Dirk: *Mittal – die Stahldynastie*, in: Dorfs (2007), S. 16 ff.

97 Vgl. zu den unterschiedlichen Instrumenten zum Beispiel: Schmidt, Holger: *Die IR-Instrumente*, in: Deutscher Investor Relations Kreis (Hrsg.): *Investor Relations. Professionelle Kapitalmarktkommunikation*, Wiesbaden 2000, S. 45–57.

98 Vgl. Jakobs (2003), S. 114.

99 Vgl. Jakobs (1/2002), S. 98; Balzer / Jakobs (4/2002), S. 34–38; Balzer, Arno / Jakobs, Georg: *Knete und arbeite*, in: Manager Magazin (5/2002), S. 74.

100 Vgl. – auch für das Folgende – u. a. Haffner, Sebastian: *Preußen ohne Legende*, Hamburg 1979 (8. Auflage 1998), S. 188 ff.

101 Formal handelte es sich bei dem habsburgischen Kaisertitel bis 1804 um den Kaisertitel des Heiligen Römischen Reiches.

102 Vgl. – auch für das Folgende – Kroener, Bernhard R.: *Die Geburt eines Mythos – die »schiefe Schlachtordnung«*, in: Förster / Pöhlmann / Walter (2003), S. 170–179; Otto, Hans-Dieter: *Verblüffende Siege*, Ostfildern 2010, S. 91–99.

103 Vgl. Kroener (2003), S. 173–176; Otto (2010); S. 92.

104 Vgl. Kroener (2003), S. 176 f.; Otto (2010); S. 93.

105 Vgl. Der Spiegel (21/1994), 23.5.1994.

106 Ein weiteres Mittel wäre das Vorhalten einer zentralen Reserve gewesen, die flexibel am Schlüsselpunkt der preußischen Offensive hätte eingreifen können.

107 Vgl. – auch für das Folgende – Hennes, Markus / Koenen, Jens: *Der einzige deutsche Softwarekonzern mit Weltruf startet Aufholjagd* (2010), in: Handelsblatt online, URL: http://www.handelsblatt.com/unternehmen/it-

medien/der-einzige-deutsche-softwarekonzern-mit-weltruf-startet-
aufholjagd/3455844.html, S. 2.

108 Vgl. Zeitler, Nicolas: *Die Strategie von SAP verstehen* (2008), in: Manager Magazin online, URL: http://www.manager-magazin.de/unternehmen/it/0,2828,563970, 00.html, S. 1 f.

109 Vgl. – auch für das Folgende – Müller, Eva: *Merger-Maschine*, in: Manager Magazin (4/2008), S. 106–112.

110 Vgl. hier auch Malik (2011), S. 42.

111 Vgl. Hennes / Koenen (2010), S. 2; Müller (4/2008), S. 108, 112.

112 Vgl. – auch für das Folgende – Porter (1995), S. 299, 309 ff.

113 Vgl. Drucker, Peter F.: *Classic Drucker. Essential Wisdom of Peter Drucker from the Pages of Harvard Business Review*, Boston 2006, S. 25 ff.

114 Vgl. – auch für das Folgende – Homburg, Christian / Staritz, Matthias / Bingemer, Stephan: *Was Produkte unverwechselbar macht*, in: Harvard Businessmanager (12/2008), S. 42, 37.

115 Zum gesamten CEMEX-Beispiel vgl. McGrath, Rita Gunther / MacMillan, Ian C.: *Market Busters. 40 strategic moves that drive exceptional business growth*, Boston 2005, S. 86–89.

116 Vgl. Homburg / Staritz / Bingemer (12/2008), S. 37.

117 Vgl. Deans / Kroeger / Zeisel (2003), S. 6.

118 Vgl. Porter (1995), S. 108 ff.

119 Vgl. hierzu auch Malik (2011), S. 49 f.

120 Vgl. Malik (2011), S. 57–59.

121 Vgl. zum Konzept des verteidigungsfähigen Marktanteils: Malik (2011), S. 156 ff.

122 Vgl. zum Konzept der Mobilitätsbarrieren und strategischen Gruppen: Porter (1995), S. 180 ff.

123 Vgl. Drucker (2006), S. 35.

124 Vgl. – auch für das Folgende – die Ausführungen zu Alexander dem Großen und der Schlacht von Gaugamela bei Förster / Pöhlmann / Walter (2003), S. 46 f.

125 Gerade auf den antiken Schlachtfeldern war eine zentrale Steuerung der operativen Einzelmaßnahmen häufig nicht möglich, weil die Weitergabe von Befehlen im Schlachtgetümmel nicht sichergestellt werden konnte.

126 Vgl. beispielsweise die Ausführungen über Alexander den Großen bei Lane Fox (2010), S. 215.

127 Vgl. beispielsweise zur Ansprache Caesars in der Schlacht von Pharsalos Meier (2002), S. 474. Zur Ansprache Alexander des Großen bei Issos vgl. Lane Fox (2010), S. 211.

128 Vgl. Drucker (2006), S. 92 f.

129 Vgl. zum klassischen Konzept der *Balance of Power* beispielsweise Henry

Kissingers Bemerkung über Otto von Bismark, in: Kissinger, Henry A.: *Memoiren 1968–1973*, München 1979, S. 122 f.

130 Vgl. hierzu auch Willms (2005), S. 434.
131 Vgl. zum Begriff des verteidigbaren Marktanteils und zur Ableitung des Zielwertes die Ausführungen bei Malik (2011), S. 156–159.
132 Vgl. auch Porter (1995), S. 141 ff.
133 Vgl. zur kontinuierlichen Weiterentwicklung der römischen Stärken Gilliver (2007), S. 37 f.; Speidel (2003), S. 60 f.
134 Vgl. hierzu Oetinger, Bolko von / Ghyczy, Tiha von / Bassford, Christopher (Hrsg.): *Clausewitz. Strategie denken*, München 2003 (6. Auflage 2008), S. 5 f.

Literatur

Ackerl, Isabella: *Die bedeutendsten Staatsmänner*, Wiesbaden 2006.

Balzer, Arno / Nölting, Andreas: »*Wir kehren von oben*« – Interview mit Bernd Fahrenholz, in: Manager Magazin (6/2000), S. 50–55.

Balzer, Arno / Jakobs, Georg: *Die Pfund-Grube*, in: Manager Magazin (4/2002), S. 34–38.

Balzer, Arno / Jakobs, Georg: *Knete und arbeite*, in: Manager Magazin (5/2002), S. 68–74.

Boldt, Klaus / Jensen, Sören / Schwarzer, Ursula: *Eine Tüte geht um die Welt*, in: Manager Magazin (6/2009), S. 32–40.

Bower, Joseph L. / Christensen, Clayton M.: *Wie Sie die Chancen disruptiver Technologien nutzen*, in: Harvard Businessmanager (4/2008), S. 126–139.

Bryce, David J. / Dyer, Jeffrey H.: *Wie Newcomer etablierte Märkte erobern*, in: Harvard Businessmanager (8/2007), S. 52–60.

Busch, Alexander: *Embraer – Im Steigflug*, in: Dorfs, Joachim: *Die Herausforderer. – 25 neue Weltkonzerne, mit denen wir rechnen müssen*, München 2007.

Clausewitz, Carl von: *Vom Kriege*, Bonn 1980 (Nachdruck 1991).

Davenport, Thomas / Leibold, Marius / Voelpel, Sven: *Strategic Management in the Innovation Economy*, Weinheim 2006.

Deans, Graeme K. / Kroeger, Fritz / Zeisel, Stefan: *Winning the Merger Endgame. A Playbook for Industry Consolidation*, New York [u. a.] 2003.

Detering, Michael / Höpner, Axel: »*Der Umsatz pro Kunde soll steigen*«, in: Handelsblatt online (30.11.2011), URL: http://www.handelsblatt.com/unternehmen/versicherungen/allianz-interview-der-umsatz-pro-kunde-soll-steigen/5902954.html.

Deutscher Investor Relations Kreis (Hrsg.): *Investor Relations. Professionelle Kapitalmarktkommunikation*, Wiesbaden 2000.

Dorfs, Joachim: *Die Herausforderer. 25 neue Weltkonzerne, mit denen wir rechnen müssen*, München 2007.

Drucker, Peter F.: *Classic Drucker. Essential Wisdom of Peter Drucker from the Pages of Harvard Business Review*, Boston 2006.

Düsterlho, Jens-Eric von: *Der Umgang mit Analysten*, in: Deutscher Investor Relations Kreis (Hrsg.): *Investor Relations. Professionelle Kapitalmarktkommunikation*, Wiesbaden 2000, S. 73–79.

Förster, Stig / Pöhlmann, Markus / Walter, Dierk (Hrsg.): *Schlachten der Weltgeschichte*, München 2001 (3. Auflage 2003).

Fromme, Herbert: *Aufstand der Allianzvertreter*, in: Financial Times Deutschland (12.12.2008).

Fromme, Herbert: *Allianz scheitert im Internet*, in: Financial Times Deutschland (21.7.2009).

Fromme, Herbert: *Billigmarke wird teurer*, in: Financial Times Deutschland (22.7.2009).

Fromme, Herbert: *HUK-Coburg erteilt Preiserhöhungen Absage*, in: FTD.de / Financial Times Deutschland (19.5.2010), URL: http://www.ftd.de/ unternehmen/versicherungen/:autoversicherung-weiter-umkaempft-huk-coburg-erteilt-preiserhoehungen-absage/50116046.html.

Fromme, Herbert: *Klare Ansage*, in: FTD.de / Financial Times Deutschland (6.1.2012), URL: http://www.ftd.de/unternehmen/versicherungen/: versicherungskolumne-klare-ansage/60150666.html.

Gehrke, Hans-Joachim: *Weltreich im Staub*, in: Förster, Stig / Markus Pöhlmann / Walter, Dierk (Hrsg.): *Schlachten der Weltgeschichte*, München 2001 (3. Auflage 2003), S. 32–47.

Gilliver, Kate: *Auf dem Weg zum Imperium. Die Geschichte der römischen Armee*, Hamburg 2007.

Hackethal, Andreas / Schmidt, Reinhard: *Structural Change in the German Banking System*, in: Revue d'Economie Financière (Vol. 78, 2005).

Haffner, Sebastian: *Preußen ohne Legende*, Hamburg 1979 (8. Auflage 1998).

Hamel, Gary / Breen, Bill: *Das Ende des Managements. Unternehmensführung im 21. Jahrhundert*, Berlin 2008.

Hebold, Wolfgang: *Siege und Niederlagen*, Hildesheim 2002 (3. Auflage 2008).

Heilmann, Dirk: *Mittal – die Stahldynastie*, in: Dorfs, Joachim: *Die Herausforderer. 25 neue Weltkonzerne, mit denen wir rechnen müssen*, München 2007.

Hennes, Markus / Koenen, Jens: *Der einzige deutsche Softwarekonzern mit Weltruf startet Aufholjagd* (2010), in: Handelsblatt online, URL: http:// www.handelsblatt.com/unternehmen/it-medien/der-einzige-deutsche-softwarekonzern-mit-weltruf-startet-aufholjagd/3455844.html.

Hirn, Wolfgang/Neukirchen, Heide: *Fabrik-Verkauf*, in: Manager Magazin (11/2001), S. 294–304.

Hirn, Wolfgang: *Die Schuh-Größe*, in: Manager Magazin (5/2002), S. 116–123.

Hoffbauer, Andreas: *Huawei – Chinas junges Gesicht*, in: Dorfs, Joachim: *Die Herausforderer. 25 neue Weltkonzerne, mit denen wir rechnen müssen*, München 2007, S. 205–212.

Hoffbauer, Andreas: *Techtronic Industries – Weltfabrik der Bohrmaschinen*, in: Dorfs, Joachim: *Die Herausforderer. 25 neue Weltkonzerne, mit denen wir rechnen müssen*, München 2007, S. 186–192.

Homburg, Christian / Staritz, Matthias / Bingemer, Stephan: *Was Produkte unverwechselbar macht*, in: Harvard Businessmanager (12/2008), S. 34–59.

Isaacson, Walter: *Steve Jobs. Die autorisierte Biografie des Apple-Gründers*, München 2011 (2. Auflage 2011).

Jakobs, Georg: *Allein gegen alle*, in: Manager Magazin (7/2001), S. 106–112.

Jakobs, Georg: *Stunde der Sanierer*, in: Manager Magazin (1/2002), S. 94–99.

Jakobs, Georg: *Direkt nach oben*, in: Manager Magazin (4/2003), S. 110–116.

Jakobs, Georg / Papendick, Ulric: *Abstiegskampf*, in: Manager Magazin (1/2003), S. 76–82.

Jakobs, Georg / Papendick, Ulric: *Leichte Beute*, in: Manager Magazin (3/2005), S. 50–57.

Katzensteiner, Thomas / Papendick, Ulric: *Abfuhr am Ammersee*, in: Manager Magazin (1/2011), S. 30–38.

Kennedy, Paul: *Aufstieg und Fall der großen Mächte*, Frankfurt am Main 2000 (5. Auflage 2005).

Kim, W. Chan / Mauborgne, Renée: *Der blaue Ozean als Strategie. Wie man neue Märkte schafft, wo es keine Konkurrenz gibt*, München, Wien 2005.

Kissinger, Henry A.: *Memoiren 1968 – 1973*, München 1979.

Klooß, Kristian: Apples Nummer 2, in Manager Magazin online (2011), URL: http://www.manager-magazin.de/unternehmen/it/0,2828,782284,00.html.

Krämer, Christopher: *Eine Branche wird gespalten*, in: Manager Magazin online (2012), URL: http://www.manager-magazin.de/unternehmen/artikel/0,2828,815391,00.html.

Kroener, Bernhard R.: *Die Geburt eines Mythos – die »schiefe Schlachtordnung«*, in: Förster, Stig/Pöhlmann, Markus / Walter, Dierk (Hrsg.): *Schlachten der Weltgeschichte*, München 2001 (3. Auflage 2003), S. 169–183.

Kumar, Nirmalya: *Inder auf Einkaufstour*, in: Harvard Businessmanager (8/2009), S. 64–73.

Lane Fox, Robin: *Alexander der Große – Eroberer der Welt*, Reinbek 2010.

Machatschke, Michael: *Fliegen, bis der Geier kommt*, in: Manager Magazin (7/2003), S. 58–64.

Machatschke, Michael: *Rutschpartie*, in: Manager Magazin (10/2005), S. 120–124.

Machatschke, Michael: *Schleudertrauma*, in: Manager Magazin (5/2008), S. 92–97.

Machatschke, Michael: *Lufthansa hält an Premium fest* (2009), in: Manager Magazin online, URL: http://www.manager-magazin.de/unternehmen/artikel/0,2828,662091,00.html.

Malik, Fredmund: *Management. Das A und O des Handwerks*, Frankfurt am Main 2007.

Malik, Fredmund: *Strategie. Navigieren in der Komplexität der neuen Welt*, Frankfurt am Main 2011.

McGrath, Rita Gunther / MacMillan, Ian C.: *Market Busters. 40 strategic moves that drive exceptional business growth*, Boston 2005.

Meier, Christian: *Caesar*, München 1986 (5. Auflage 2002).

Mindermann, Hans-Hermann: *Investor Relations – eine Definition*, in: Deutscher Investor Relations Kreis (Hrsg.): *Investor Relations. Professionelle Kapitalmarktkommunikation*, Wiesbaden 2000, S. 25–27.

Müller, Eva: *Merger-Maschine*, in: Manager Magazin (4/2008), S. 106–112.

Müller, Oliver: *Tata – Das Konglomerat schlägt zurück*, in: Dorfs, Joachim: *Die Herausforderer. 25 neue Weltkonzerne, mit denen wir rechnen müssen*, München 2007, S. 31–41.

[O.V.]: *»Langsam wird es turbulent«*, in: Der Spiegel (6/1997), S. 86–88.

[O.V.]: *Baut Investment Banking aus*, in: Manager Magazin online (2000), URL: http://www.manager-magazin.de/finanzen/artikel/0,2828,80276,00.html.

Oetinger, Bolko von / Ghyczy, Tiha von / Bassford, Christopher (Hrsg.): *Clausewitz. Strategie denken*, München 2003 (6. Auflage 2008).

Otto, Hans-Dieter: *Verblüffende Siege*, Ostfildern 2010.

Papendick, Ulric: *Der Anfang vom Ende*, in: Manager Magazin (12/2005), S. 106–112.

Pflanze, Otto: *Bismark – der Reichsgründer*, München 1997 (überarb. Auflage in der Beck'schen Reihe, 2008).

Porter, Michael E.: *Wettbewerbsstrategie*, Frankfurt am Main 1983 (8. Auflage 1995).

Sandt, Christoph / Schmitt, Thomas: *Allianz verliert Rabattkampf ums Auto*, in: Handelsblatt online (23.11.2009), URL: http://www.handelsblatt.com/unternehmen/banken/kfz-versicherungen-allianz-verliert-rabattkampf-ums-auto/3309762.html.

Schmidt, Holger: *Die IR-Instrumente*, in: Deutscher Investor Relations Kreis (Hrsg.): *Investor Relations. Professionelle Kapitalmarktkommunikation*, Wiesbaden 2000, S. 45–57.

Seiwert, Martin / Bergermann, Melanie: *Die Allianz und das blaue Wunder*, in: Handelsblatt online (17.4.2008), URL: http://www.handelsblatt.com/unternehmen/banken/allianz-die-allianz-und-das-blaue-wunder/2947668.html.

Speidel, Michael Alexander: *Halbmond und Halbwahrheit – Cannae, 2. August 216 v. Chr.*, in: Förster, Stig / Pöhlmann, Markus / Walter, Dierk (Hrsg.): *Schlachten der Weltgeschichte*, München 2001 (3. Auflage 2003), S. 48–62.

[O.V. Kürzel »ssu«]: *Allianz scheitert mit Online-Billig-Anbieter* (2009), in: Spiegel online, URL: http://www.spiegel.de/wirtschaft/0,1518,637224,00.html.

Toller, Andreas: *Allianz scheitert mit Online-Angebot*, in: Wirtschaftswoche online (21.7.2009), URL: http://www.wiwo.de/unternehmen/versicherungen-aus-dem-internet-allianz-scheitert-mit-online-angebot/5561650.html.

Umbeck, Tobias: *Musterbrüche in Geschäftsmodellen. Ein Bezugsrahmen für innovative Strategie-Konzepte*, Wiesbaden 2009.

Willms, Johannes: *Napoleon. Eine Biographie*, München 2005 (3. Auflage).

Yoffie, David B. / Kwak, Mary: *Judo Strategy*, in: Business Strategy Review (13/2002), S. 20–30.

Young, Jeffrey / Simon, William L.: *Steve Jobs und die Erfolgsgeschichte von Apple*, Frankfurt am Main 2007.

Zeitler, Nicolas: *Die Strategie von SAP verstehen* (2008), in: Manager Magazin online, URL: http://www.manager-magazin.de/unternehmen/ it/0,2828,563970, 00.html.

Register

3-F-Regel 57, 167

Achillesferse 30 f.
Achillesmatrix 189, 191–193, 199 f.
AEG 48, 53 f.
Akquisitionen 53 f.
Aldi 89
Alexander der Große 13 f., 62–73, 180
Alexander I. 115, 118, 123 f.
Allianz 82 f.
Amazon 137
ANA-Methode 22, 30
Angriffsmanöver 31
Antizyklisches Verhalten 136, 138
Apple 15, 20, 50, 99–101, 107, 111
Arcelor 53
Auftragsfertigung 15, 58
Ausgangslage 27, 29
Austerlitz 114–118, 121 f., 124 f., 133

Bankenmarkt 125–129
Basisinnovationen 99–112, 185
BlackBerry 107
Branchenentwicklungsphasen 159 f.
Branchenführer (Definition) 18
Branchentrends 185, 191–193
Budgetierung 105

Caesar 90–99
Cannae 35–45, 179, 201
Catz, Safra 157
CEMEX 165 f., 169
Clausewitz, Carl von 30

Dareios III. 13, 63, 65, 68–73, 180 f.
Deregulierung 16

Digitalisierung 16
Distributionskanäle 16, 56, 76, 85
Dollé, Guy 53
Drucker, Peter 201

Einkauf 86
Elektroindustrie 53
Ellison, Larry 155 f., 158
Erwartungsdruck 123, 130 f.
Erwartungswelle 131–138
Expansionsstrategie 75, 81

Flexibilität 97 f.
Franz II. 115, 122
Friedrich der Große 143–155
Führung 72

Gaugamela 13, 62–73, 180
Geely 54
General Motors 161
Globalisierung 15
Größe 17 f.
Grundig 53

Hannibal 35–45, 72, 179 f., 201, 207 f.
Hoover 48, 54
Hub&Spokes-Netzwerk 76
Hub&Spokes-System 74

Implementierung 200–204
ING-DiBa 125, 128 f., 135, 139, 141
Innovationen 98–111, 137, 141
Innovationsstrategie 191
Investmentbanking 126 f.
iPhone 15, 107, 110 f.
iPod 99 f.
Issos 63

Jaguar 54
Jobs, Steve 100 f.

Kannibalisierung 81 f.
Karl von Lothringen 144–154
Kernkompetenzen 49, 52, 56
Kolin 144
Komplexität 77, 80 f., 84, 86
Koordination 201 f.
Kostenführerstrategie 163
Kostenvorteile 18
Kundennutzen 87 f.
Kundensegmente 55, 85
Kundenzufriedenheit 108 f.
Kutusow, Michail I. 115–125,
    133

Lagefenster 27–29, 182 f., 187
Lehmann Brothers 128
Leistungsausdehnung 78–84, 88
Leistungsvorteile 19–21
Leuthen 143–155
Liquidität 18
Luftfahrtindustrie 74–77

Makedonien 62
Markentreue 83
Marktabdeckung 190, 193
Marktbesonderheiten 186
Marktgleichgewicht 207
Marktsegmente 183
Massenmarkt 159–161
Medienindustrie 16
Microsoft 59
Mitarbeiterführung 201–203
Mittal Steel Company 53
Mobilitätsbarrieren 200
Motivation 202
MP3-Technologie 99–101
Musikindustrie 99–101

Nachrückstrategie 128, 136–141,
    192
Napoleon 114–125, 133, 206
Netscape 19 f., 59
Neutralisierungsmanöver 19, 21, 31
Nischensegmente 104

O'Leary, Michael 14, 75
Oracle 155–158
Outsourcing 15, 49–52, 87
Overstretch 70–80, 84, 190

Persien 62 f.
Pharsalos 90–98
Pompeius 91–98
Portal Software 157
Preisorientierung 83
Premiumanbieter 49, 51
Preußen 143–154
Pudwill, Horst 46, 48

Qualitätsführerstrategie 163

Reduktionsstrategie 75 f., 84–88,
    191
Research In Motion (RIM) 107
Ressourcen 203 f.
Retek 157
Ryanair 14, 74–77, 84, 87

SAP 155–158, 163
Schlachtreihe 28
Schräge Schlachtordnung 65–68, 71
Schwellenländer 54
Segmentorientierung 192 f.
Segmentstrategie 156–169, 192
Selfservice 86
Situationsanalyse 27, 55, 182–187
Sperrriegel 95
Spezialanbieter 156 f., 160
Stakeholder 115, 123, 130, 138

Standardisierung 155, 159–162
Strategieauswahl 188–200
Strategie (Definition) 30
Strategieumsetzung 200–204

Tata 54
Techtronic Industries (TTI) 46–48
Telefunken 53
Timing 136, 138
Traditionsmarken 53 f.
Trends 7, 15–17, 50, 131–138, 185, 191, 193

Überdehnung 70–80, 84, 190
Überraschungscoup 35 f.
Überraschungserfolge 137
Umfassungsmanöver 55
Umfassungsroute 57, 59

Umfassungsstrategie 43–60, 179, 181, 190
Umgehungsangriff 68, 92–96
Umsetzung 200–204
Unternehmenskäufe 141, 157

Varro, Gaius Terentius 37–39, 43, 179 f.
Volvo 54
Vorauswahl 189–193
VW 161

Waterloo 206
Wechseltreiber 141
Wertschöpfungsstufen 56
Wettbewerberprofile 183, 185

Zielsegmente 138

Über den Autor

Robert Edward Neurohr (Düsseldorf) ist ein renommierter Strategieexperte und formte sein Managementverständnis in Deutschland, den USA und China. Der Wirtschaftsingenieur leitete in den letzten zehn Jahren die Strategieentwicklung für große Konzerne, unter anderem als Strategiechef der E-Plus Gruppe. Er berät hochkarätige Führungskräfte und Investoren bei der Konzeption und Umsetzung innovativer Unternehmensstrategien. Weitere Schwerpunkte seiner Arbeit sind die Bereiche Strategisches Marketing, Markenführung und Innovation. Er hält regelmäßig Vorträge und gibt Seminare zu Fragen der Unternehmensführung.

Weitere Informationen unter www.robertneurohr.com.